プロバードガイド直伝

旬の鳥、憧れの鳥の探し方

石田光史

文一総合出版

もくじ

1 JANUARY

2 FEBRUARY

3 MARCH

4 APRIL

5 MAY

6 JUNE

7 JULY

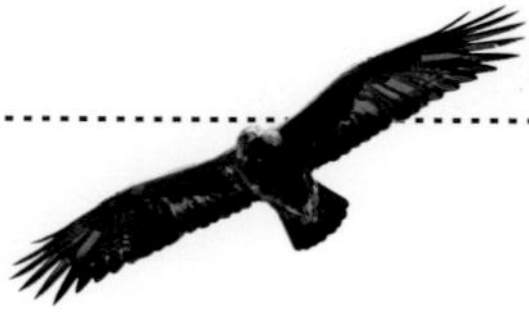

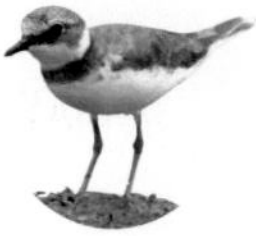

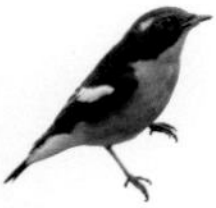

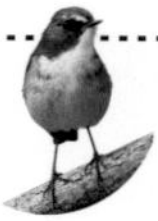

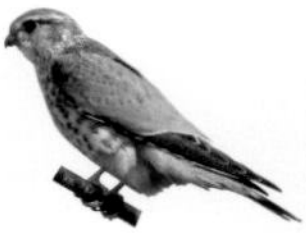

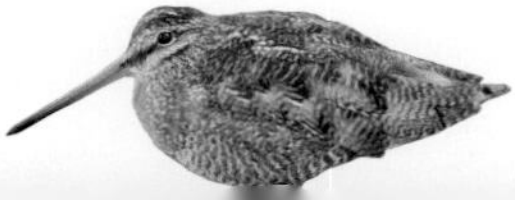

本書の見方

本書は1年を12か月に分け、月ごとに旬の鳥、バードウォッチャーが憧れるお目当ての鳥141種(メイン64種)の探し方を紹介した入門書です。20年以上のキャリアがあり、鳥の生態と探し方を知り尽くしたプロのバードガイドが、長年蓄積したノウハウを注ぎ込みました。旬の鳥がわかり、憧れの鳥をいつどこでどうやって探すかを知ることができます。

ミッション

旬の鳥やお目当ての鳥を見つけることを目標とし、各月4~6つの課題を設定しました。

フィールド情報

その鳥に出会うために好適な探鳥地と概要です。

難易度

ミッション達成の難易度を5段階で評価し、星印で示しています。星が多いほど難易度が高くなります。

メイン写真

旬の鳥、憧れの鳥の特徴がわかりやすい写真を掲載しています。

鳥の概要

一般的に使われる和名を掲載。学名、科名、属名は日本鳥学会の日本産鳥類目録第7版(2012)に準拠しつつ、改訂が進められている第8版の修正内容も考慮しています。

MISSION ★★★★ 6 03 **憧れのアカショウビンを探す!**

多くのバードウォッチャーが憧れの鳥に挙げるのがアカショウビンだ。人気が高いカワセミのなかまで、全身が鮮やかな橙色。特徴的な鳴き声が聞こえても、姿を見ることはとても難しい。それがかえって見たいという意欲を掻き立てるのだ。渡ってくるのが5月初旬のため、求愛行動が見られるようになる5月下旬から6月上旬が狙い目。

Field 八東町(鳥取県)

鳥取県の八東ふる里の森には美しいブナ林が広がり、アカショウビンの生息地として知られている。園内は整備され、誰もが野鳥を気持ちよく観察できるよう制限区域を設けるなど、観察ルールとマナーが工夫されている。

6 JUNE

アカショウビン *Halcyon coromanda* カワセミ科アカショウビン属 全長 27cm

全国に渡来する夏鳥だが、北海道では少ない。ブナ林のような薄暗い林の沢沿いを好み、古木にみずから穴を掘って営巣する。カエル、カニ、魚類、昆虫などを捕食する。ほぼ全身が赤褐色で、喉は白く体下面は色が淡い。赤く長い嘴が特徴で、腰にコバルトブルーの斑がある。

84

野鳥の季節性について

野鳥の季節に応じた動きを、12か月のカレンダーにおおまかに示しました。鳥たちが渡る時期、繁殖する時期、越冬する時期を頭に入れておけば、旬の鳥がわかります。

※示した時期は目安であり、例外はあります

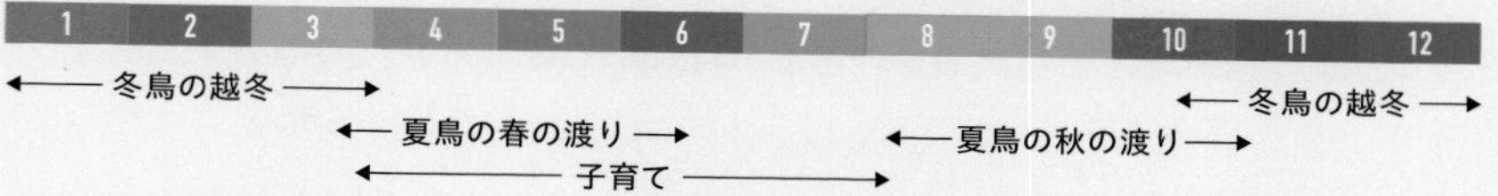

探し方

その種が好む環境や食べ物など、生態を踏まえた探し方をくわしく解説しています。重要なことがらを色文字にしました。

鳴き声の音声データ

二次元コードが掲載されているページでは、スマートフォンで読み取ることで音声データを再生し、鳴き声を確認することができます。

※音声データ:「鳴き声図鑑」(NPO法人バードリサーチ)より

6月 Akashobin

1 谷底をのぞき込めるような目線の高い場所を選ぶ
2 川や渓流ではなく、池や沢沿いにある横枝を探す
3 よく鳴く早朝が狙い目。ポイントを重点的に確認する

美しい種が多いカワセミ類のなかでも、とくに人気があるのがアカショウビンだ。カワセミと聞くと川や湖で魚を捕食する「清流の鳥」というイメージがあるが、そのイメージでアカショウビンを探してもまず見つけられない。

カワセミやヤマセミはほぼ魚食だが、アカショウビンは雑食性。川ではなく沢が好きで、イモリ、トカゲ、カエル、カタツムリなど湿地を好む生きものを捕食する。ブナ林の沢を探すのがよい。日中はほとんど鳴かないので、早朝にカエルの声がする沢の横枝を丹念に探そう。別名「雨乞い鳥」と呼ばれ、雨の日によく鳴くといわれているが、私の経験上は、雨の日にとくに遭遇率が高いということはない。

独特の姿勢でキョロロロロと尻下がりにさえずる

繁殖初期はつがいで見られるチャンス

この鳥にも会えるかも!

コノハズク

Otus sunia

フクロウ科コノハズク属

全長 21cm

全国のブナ林など比較的山深い場所に渡来し、繁殖する夏鳥。日本産フクロウ類最小で、褐色型と赤色型がある。虹彩は黄色で小さな羽角がある。おもにガなどの昆虫類を捕食する。オスは「ブッ、キョッ、コー」と鳴くが、夜行性ながら日中に鳴いていることもある。

85

探し方のポイント

鳥探しの達人である著者がとくに伝えたい探し方の要点を3つ紹介しています。

サブ写真

メスや幼鳥、生態を示す写真です。

サブ種

同じ探鳥地、環境で見られるかもしれない他種を紹介。もしくは、関連する話題をコラムとして紹介しています。

はじめに

私がバードガイドと呼ばれる仕事に携わるようになって、20年以上になります。野鳥観察のツアーを企画し、全国各地を旅して憧れの鳥を探し、お客様に見て楽しんでいただくのがおもな業務。その根幹に年間のスケジュール作りがあります。

野鳥には季節性があり、旬があります。夏鳥の春と秋の渡り。冬鳥の飛来、越冬。種によっては旬がきわめて短く、限定されていることもあります。ツアーの企画では、季節の旬の鳥と、それを観察するのに最適な探鳥地を考えます。さらにお客様が見たい憧れの鳥を考慮して、年間スケジュールを組み立てます。

本書は野鳥観察ツアーと同じように、1年を12か月に分けて編集。各月の旬の鳥を選び、どこに観にいくのがよいかを提案しています。またツアーのお客様と同じように、読者のみなさまの多くがお目当てにしているであろう、出会いたい憧れの鳥の探し方をくわしく紹介しています。いわば、私のガイド業務をそのまま誌面に落とし込んだ虎の巻といえます。私が長年のフィールドワークで学び、取り組んできた鳥の探し方のノウハウを誌面に盛り込みました。その鳥が好む環境、好む食べ物、そして私が実際の観察の中から得た、見つけるためのヒントをちりばめています。

バードウォッチングの年間計画を立てる目安にするもよし、いつか出会いたいと思っていた憧れの鳥を攻略する参考に活用していただくもよし。読者のみなさまにとって本書が、旬の鳥を知り、憧れの鳥を見つける喜びを味わう一助となり、鳥見をもっと楽しんでいただくきっかけとなれば幸いです。

2023年秋　石田光史

双眼鏡は鳥探し、望遠鏡はじっくり観察の相棒

カメラの普及が急速に広がり、カメラのファインダー越しに鳥を探そうとする人をよく見かける。だが、そもそもカメラは鳥を探したり観察したりする道具ではない。鳥探しに必要な道具は双眼鏡や望遠鏡だ。視野が広い双眼鏡の出番が圧倒的に多いが、探す道具の双眼鏡と観察する道具の望遠鏡は、車の両輪のごとくセットで活用するとよい。双眼鏡は視野が広く、首から提げられるので機動性がよい。

倍率は8〜10倍がおすすめ

双眼鏡は、一般的には倍率が低いほど視野が広いが、視力や探鳥の経験値にもよる。慣れてくれば、10倍でも難なく野鳥を探し出せる。視力に自信がないとか、そもそも野鳥をほとんど見たことがないならば、8倍が無難だろう。

私はまだ視力が落ちてはいないこと、海上での使用頻度が高いこともあって、10倍でないと物足りなく感じる。なお、風雨にさらされることも多いため、防水性は確保したい。

② 口径は明るさと重量、フィット感のバランスで決めよう

口径は明るさと重量、持ちやすさに関わってくる。口径が大きいほど像が明るくなるが、本体も大きくなって重量が増す。小さい口径は軽量コンパクトだが、像が暗くなる。

なかには高級レンズやコーティングの技術によって、マイナスをカバーしている製品もある。そういう高性能な双眼鏡は高価だが、初めからよい製品を購入して長く使うのも考え方だ。

※双眼鏡の使いこなし方についてはp.11で解説している

なにかと便利な傾斜型の望遠鏡

望遠鏡は高倍率で視野が狭いため、見つけた鳥の細部をじっくり観察する道具だ。素早く動き回る鳥を追い続けることは困難。三脚が必要なので荷物が増えるが、遠くにいる鳥を間近にいるかのように観察できる。

高い位置にいる鳥を楽な姿勢で観察できる

望遠鏡には直視型と傾斜型があり、私は傾斜型を使っている。傾斜型は下向きにのぞき込むように見るため、鳥を視野に入れるのにコツが必要だが、慣れれば使いこなせる。まず、人工物や目立つ木など捉えやすい目標を視野に入れ、そこからずらすようにして観察対象を入れるとよい。身長が低い人から高い人まで、三脚の高さを調節することなく観察できるのが最大のメリットだ。

直視型では難しい高さでも容易に観察できる

望遠鏡の視野はズームで倍率が変えられるものが主流。なお望遠鏡は双眼鏡に比べて、重さが気になる。自動車移動ならそう気にならないが、公共交通機関利用さらには担いで歩き回ることが多い人には、重さが負担になる。口径の小さい製品に変えれば軽量化でき、負担を減らせる。私はずっと口径80ミリを使用していたが、口径65ミリに変えることで300g軽量化し、負担を減らすことができた。

さまざまな天候に対応できる服装を

フィールドではさまざまな環境、気温、天候に対応する必要がある。また、できるだけ鳥が警戒しない服装を心がけたい。さすがに全身迷彩服にする必要はないが、赤や黄色など目立つ色合いのウェアは避けよう。

① インナーウェアが重宝する

春、秋、冬はインナーウェアにこだわっている。アウターはかさばるので荷物が増えてしまうが、インナーウェアならかさばらない。春、秋は高機能なインナーウェアの上からフリースジャケットが基本。足りなければ雨具を活用して調整する。コンパクトに収納でき、荷物にならない薄手のダウンジャケットも常時持っている。予期せぬ寒さに見舞われた場合は、これをフリースジャケットの上から着て、雨具をアウターウェアにする。

パンツもほぼ同じ考えだ。春、秋は基本的に裏地がない夏用トレッキングパンツを使っている。多くの場合、その上から雨具のズボンで問題ないが、インナーウェアも持参。予期せぬ寒さに見舞われた場合はパンツの下に履いている。

薄手のジャケットに夏用トレッキングパンツ

上はフリースジャケット、下はレインウェアをプラス

極寒には重ね着で対応

マイナス20℃超えの北海道の内陸部、風が極度に冷たい流氷観光船など、極寒が予想される場合はウェアを慎重に選ぶ。北海道内陸部ではまずハイネックと通常のインナーウェアを重ね着し、フリースジャケット、さらには薄手のダウンジャケット、そして最後にかさばる大型のダウンジャケットといった装備にしている。パンツもまずはインナーウェア、裏起毛のスウェットを履いて、アウターには厚手のビブパンツを履いている。何枚も着るのは、空気の層を作ることが防寒になるからだ。

風が冷たい流氷観光船や外洋航路では、風対策が加わる。風対策の基本は隙間を埋めること。とくに首回りが重要なため、ネックウォーマーで首回りを防御する。使い捨てカイロも使う。貼るタイプは、インナーウェアの上から、首の後ろや肩甲骨周りに貼ると効果的。さらに仕事柄、長時間海上を眺め続けなくてはならないため、クリアレンズのゴーグルを毎回使用している。

靴も状況に応じて履き分けている。春と秋はソールが比較的柔らかく軽めのナイロン製、雨が予想される場合やガレ場を歩くようなハイキング系では漏水に強いヌバック製、雪が予想される場合はスノーブーツを使っている。いずれも足首の怪我防止、水や雪の侵入を防げるよう足首まで隠れるハイカットを使っている。

フリースの上から薄手のダウンジャケット。
下は冬用パンツとインナーパンツ

厚手のダウンジャケットに
帽子、ネックウォーマー、グローブ

探し方の基本

野鳥は種によって声質が異なるので、鳴き声を覚えていれば、見えなくても(見なくても)何がいるのかわかる。一方、あまり鳴かない時期やそもそも鳴かない種の場合は、積極的に目視で探すことになる。意識して耳を澄まし、目を凝らすことが、探すための基本となる。

性能を引き出す双眼鏡の調整の仕方

高性能の双眼鏡を持っていても、きちんと調整しなければ宝の持ち腐れだ。苦労して鳥の影を捉えても、一瞬しか見えなかったということはよくある。短いチャンスを逃さずにさっと確認できるよう、正しく調整してからフィールドに出よう。

①接眼目当てを調整する

❶ 接眼目当てを調整する
裸眼の人は目当てを引き出し、メガネの人は引っ込める。

❷接眼部を両目の間隔に合わせる
双眼鏡本体の幅を調整し、接眼部を両目の幅に合わせる。

❸ 視度を調整する
左目だけでピントを合わせる。その状態で、右目だけで覗いてみる。像がはっきり見えないときは、視度調整つまみで調整する。左右の視力に差がある人は、これではっきり見えるようになる。

❹ 対象を素早く視野に入れる
観察対象に体と顔を真っ直ぐ向け、双眼鏡を目に添える感覚で覗くと視野に入れやすい。

②接眼部を両目の間隔に合わせる

② 常に鳴き声を意識する

市街地でも、一歩外へ出れば鳥の声が聞こえる。意識すれば気づける。自然豊かなフィールドでは、よりさまざまな声が聞こえる。森林の鳥はよく鳴くので、声でその存在に気づくことが多い。さえずりから地鳴きまで、聞こえる声すべてが鳥の存在に気づかせてくれる合図だ。

③ 身のまわりの声から覚えよう

鳴き声初心者は、まず身のまわりの鳥の鳴き声を覚えよう。例えば日課の散歩で、聞こえてくる声に意識して耳を澄ませる。まずは基本となる野鳥の声を覚える。そして知らない声に気づくたび、新たに覚えていくのがよい。

私が鳥を見始めたときは、スズメの「チュン、チュン」やヒヨドリの「ヒーヨ、ヒーヨ」、メジロの「ツイー」を最初に覚えた。一方で、鳴き方のバリエーションが多いシジュウカラの声は、覚えるのに苦労した。ただシジュウカラは冬季、他種と一緒の群れで行動していることが多いので、群れの中の声の違いを覚えることで一気に数種を増やすことができた。その時意識したのが、濁った声を出すのか出さないのかという点だ。シジュウカラ、コゲラ、エナガは濁った声を出すが、メジロやヒガラは濁った声を出さない。

　鳴き声を覚えるには場数が必要で、一朝一夕で身につくものではない。鳥を目視できれば、図鑑を見ることで外見の特徴を絵合わせできるが、鳴き声しか聞こえなかったときは、すぐに答え合わせができない。

　最近では音声データも多数あり、収録されている野鳥図鑑もある。それらを活用して見当をつけることは可能だ。ただ、野外で出会った鳥が常に音声データと同じ鳴き方をするわけではないので、おもに声の質を覚えることを意識して聴くように心がけよう。

④ 環境全体を広く見る

　私は網を張って捕獲するイメージで鳥を探している。フィールドに出たら、いきなり視野が狭まる双眼鏡は使わず、まずは全体を眺め、動きで鳥を探す。干拓地のような開けた環境ならば、電柱や電線、杭、看板など周囲よりもやや高い場所をまず目視でざっと見る。こういった場所には鳥がとまっていることが多い。何かいれば、双眼鏡の出番となるわけだ。

⑤ 最初から双眼鏡を使う場合も

　カモがたくさん浮かんでいるような湖沼ではちょっと見方が異なる。距離が遠いことが多いので、目視ばかりではなく最初から双眼鏡も使う。湖面から出ている杭を見るほか、湖畔を縁取るように流し見する。カモが多い場所では、周辺の木に猛禽類がとまっていることが多い。またカモを見るときは、群れから外れて単独で浮いている個体から見る。珍しい種や迷鳥は、群れから外れることが多いからだ。

6 肉眼で捉え、双眼鏡で確認する

私は小鳥に関して、8割方鳴き声で探している。ただ、ほとんど鳴かないこともあるので、肉眼で探すことも重要。双眼鏡は使わずに相手が動くのを待つ。木々を渡り歩き、飛び移る影を捉える。また、とまったり、飛び立ったりしたときの枝や葉の揺れで、鳥の位置をつかむ。とくに無風のときに有効な手段だ。

位置を確認したら、双眼鏡で姿を確認する。これを繰り返すことで、肉眼で見たときに種の見当がつくようになる。暗くて視界をさえぎるものも多いので森林の小鳥は見つけづらいが、よく動き回る性質を理解しておくことで、効率的に探すことができる。

まずは肉眼で鳥の動きを見る

7 鳥の顔色をうかがい、駆け引きする

美しい鳥を、より近くから見たい撮りたいと思うのは当然のことだ。ただ、相手は常に命のやり取りをしている野生動物。近づけば逃げる。いざ鳥に出会ったとき、私は「鳥の顔色」をうかがうことを重視している。顔色とは鳥が見せるちょっとした仕草のことだ。

無遠慮に近づけば、当然鳥は警戒し始める。ガンのなかまなら一斉に首を上げる。シギチドリ類なら、上げた首を上下にしゃくるものもいれば、ペタンと伏せてしまうものもいる。水面に浮いて寝ているカモも、よく見ると時々目を開け、人間が近づくと足で漕いで遠ざかっていく。

では、実際どのように行動すればよいのだろう。ひと言でいえば「だるまさんが転んだ方式」で、動作と足音がポイントになる。鳥たちは急な動きや大きな動きに、俊敏に反応する。できる限り小さくゆっくりと滑らかに動くことを心がけよう。

自分の音にも気をつけよう

足音もできる限り立てないように心がけたい。ゆっくり滑らかに動いても、枯れ枝を踏み折ってしまえば音が立ち、せっかくの努力が水の泡に。鳥を見ながら足元を確認するのも難儀だが、枯れ枝がない位置を瞬時に選ぶようにしたい。できるだけ足音が立たないよう、ソールが柔らかい靴を選ぶのも有効だ。私はかかとから着地し、その後つま先をつける歩き方を心がけている。

車を使う場合は、ドアを閉める「バタン」という低い音に注意。ほとんどの鳥がこの音で逃げてしまう。鳥を脅かさないためには半ドアか、状況によってはドアを閉めないくらいの配慮をしたい。

自動車のドアを閉める音ほどではないが、カメラのシャッター音も鳥が逃げてしまう原因の一つだ。以前主流だった一眼レフカメラでは、構造上どうしてもシャッター音が発生してしまっていた。だが、今や主流になりつつあるミラーレスカメラの多くは無音撮影が可能だ。急な動きをしないように気をつけながら無音撮影すると、鳥との距離がしばしば驚くほど近くなる。とても有利になるので、ぜひ試してみてほしい。

現場での観察が力に

私がフィールドで意識しているのは、野鳥がなぜそこにいるのか、そこで何をしているのかということ。よく観察することで、理由が見えてくる。経験を重ねることで「わかる」ようになっていくものだ。

観察を重ねると、次の動きや展開が読めるようになってくる。例えば川の近くに鳥がいれば、岸辺に降りて水を飲むかもしれない。あるいは水浴びをするかもしれない。潜水と浮上を繰り返しているカモの向きを見て、浮上してくる場所を予想する。木にとまっている猛禽類が、フンをしたり伸びをしたりした後は飛び立つことが予想できる。茂っている場所に小鳥がいれば、群れの流れを見て先回りし、もっとすっきりした場所で待つ。周囲でカラスが騒いでいたら、猛禽類が近くにいるのではないか、といった具合だ。

このような気づきと読みは、野鳥を撮影するうえでもとても役に立つ。場当たり式の撮影から、よりよいシーンを選んで撮影できることにもつながる。これら、さまざまな知識や経験の蓄積と磨かれた観察力が、鳥たちを探すためのセンサーのような役割を果たし、日々の活動に活かされているのだ。

1
JANUARY

睦月

ツルの越冬数が
ピークを迎える

冬ガモの
求愛行動が
見られるようになる

ツグミが
地上で木の実を
採食する

MISSION ★★ 1 01

万羽ヅルから カナダヅルを探し出す

「万羽ヅル」の言葉に象徴されるように、鹿児島県の出水平野はツルの一大越冬地。とくにマナヅルとナベヅルは、ほぼ世界中の個体が集結し越冬しているといっても過言ではない。越冬するツルの総数は約16,000羽、クロヅル、カナダヅルが毎年少数混じり、かなりまれではあるがソデグロヅルやアネハヅルが混じる年もある。

Field 出水平野(鹿児島県)

鹿児島県西部に位置する出水市は、鹿児島空港起点の冬の九州探鳥のスタート地ともいえる。出水平野は西干拓、東干拓に分かれていて広大だが、とにかくどこへ行ってもツルたちが視界からいなくなることはない。

カナダヅル *Antigone canadensis*

ツル科マナヅル属 [全長] 95cm

出水平野で越冬するツルの中では最も小型。全身が灰色で、褐色の羽が混じるがほとんどない個体もいる。額にハート形の赤い裸出部があることが特徴。給餌時間以外はカナダヅルだけの小群で見られることが多く、おもに農耕地を歩きながら昆虫などを捕食する。

1 大きな群れの中を探さない
2 給餌後に分散する時間帯を狙う
3 ナベヅルと同大で首が白くない個体を探す

現地では早朝に給餌の時間がある。意外な種が間近にやってくる可能性があるものの、ツルがかなり密集するため珍しいツル探しには向いていない。給餌が終わるとツルたちは次第に分散するので、この時間帯を狙う。

まず多くを占めるナベヅルと同等の大きさで、首が白くない個体を探し出す。頭を下げている個体や後ろ向きの個体はナベヅルと区別ができないので外し、頭を上げている個体をなめるように見ていく。またカナダヅルは、時間が経つと大きな群れから離れていく傾向があるので、端から見ていくようにする。

2月中旬の飛去前には、求愛行動が見られることもある。求愛ダンスはまず雌雄が向かい合い、鳴き交わす前触れがある。あらかじめシャッタースピードをブレない設定にし、シャッターチャンスに備えよう。

ここから探すのは至難の業

ナベヅルが大きさの目安になる

この鳥にも会えるかも!

ソデグロヅル

Amaurornis leucogeranus

ツル科ソデグロヅル属

全長 135cm

推定生息数が約3,000羽の世界的希少種。北海道から九州まで記録があるが、まれな冬鳥。出水平野ではここ数年、少数ながら渡来が続いている。全身が白く、顔は露出した皮膚が赤い。初列風切は黒く、飛翔時のコントラストが鮮やか。

MISSION ★★ 1 02

なぜか海にいるガン、コクガンに会いにいく

マガンやヒシクイは有名な越冬地があり、時には身近な湖沼にやってくることもある。一方、海にすんでいるコクガンは北日本では多いが、特定の場所で必ず見られる鳥ではないだけに、出会うのはなかなか難しい。でも、岩礁や小さな漁港が点在している道南では小規模ながらコクガンが生息していて、年明け後がよいシーズンだ。

Field 道南の漁港（北海道）

北海道函館市を起点に東沿岸をめぐり、恵山を経由して森町を目指すルートは小さな漁港や岬があり、コクガンをはじめ海ガモ類が多い。時には強風が吹き、寒風が吹き荒れることもあるので注意が必要。

コクガン *Branta bernicla*

カモ科コクガン属 全長 61cm

日本で最も多く越冬しているマガンよりも小柄なガン。おもに東北、北海道の沿岸部に渡来する冬鳥で、数十羽の群れで行動することが多い。岩礁帯や漁港のコンクリートなどに付着しているアオサ、マコモ、イワノリなどの海藻類を好んで食べる。

1 漁港、堤防、岩礁海岸を探す
2 首が太くて長い大型のカモを探す
3 白い首輪も目印

一般的にガンのなかまは広大な農耕地、干拓地といった畑地で越冬し、付近にある湖沼でねぐらをとるのが一般的。にもかかわらず、コクガンはなぜか海で生活している。海といっても、干潟や砂浜海岸では出会うことができない。理由はコクガンの好物が海藻類だからだ。すなわち、コクガンに出会うためには海藻がなくてはならない。

漁港で採食する様子

逆立ちして水中の海藻を採食

コクガンが好む海藻は、おもにコンクリートや岩に張り付いている。だから漁港や堤防、岩場がある岩礁海岸を探すことが重要になる。シルエットはまさにカモだが、かなり大きい。また、明らかに首が太く長いので、比較しながら探すとよい。白い首輪状の模様も目立つため、見つけるときのポイントになる。

Column コクガンの習性を知れば、脅かさずに観察できる

海藻をムシャムシャ食べているから大丈夫だろうと、ゆっくりと息を殺して近づこうとしても、コクガンたちはサーッと離れていってしまう。飛び去るのではなく、足こぎで逃げていく。

だが、コクガンたちが逃げるのは最初だけだ。そのまましゃがんだり姿勢を低くしてじっと待っていると、次第にじわじわ接近してくる。コクガンたちは、堤防や岩礁に張り付いている海藻を食べたくて仕方がないのだ。もちろん、警戒心が比較的低い種というのも理由だとは思うが。観察させてもらうという気持ちを忘れず、そっと楽しもう。

MISSION ★★★ 1 03

憧れのコオリガモを間近で見よう

カモというと主役になるような種がいないといった印象が強いが、そんな中で絶大な人気を誇るのが、本州ではほとんど見ることができないコオリガモ。独特の表情や警戒心の弱さ、オスは白黒の模様に長い尾が特徴で、カモなのによく鳴くなど魅力たっぷりだ。「アオナ」という印象的な鳴き声は一度聞いたら忘れられない。

Field 根室半島の漁港（北海道）

コオリガモは全道で見られるわけではなく、道東、道北に集中している。そのため根室市の花咲港、落石港、納沙布岬、その手前にある霧多布港が狙い目。漁港では漁師さんの作業の邪魔にならないよう要注意。

コオリガモ *Clangula hyemalis*

カモ科コオリガモ属 全長 60cm

東北、北海道の沿岸部や漁港に渡来する冬ガモ。頻繁に潜水する。北海道では道北、道東に多く、道北では数十羽の群れが漁港内で見られることも。「アッ、アオッ、アオナ」とよく鳴くため、道東の漁師さんたちからアオナと呼ばれている。オスはピンク色の嘴と長い尾羽が特徴。

〈鳴き声〉

1 道東、道北の港を探す
2 「アオナ」の声も手がかり
3 潜水したら接近する

厳冬期の北海道は、普通の漁港が絶好の探鳥地になる。本州ではなかなか見ることができない海水性のカモが見られるし、嵐などで外洋が荒れている日には、ウミスズメ類が漁港内に逃げ込んできていることも多い。ただ、のんびりとプカプカ浮いているように見えるカモたちは、じつは横目で人の動きをしっかり観察していて、なかなか近づくことができない。

まずはなるべく狭い漁港を選び、さらに比較的陸地に近い水面で採食している個体に目をつける。こういう個体は、その場所に固執していることが多いのだ。あとは姿勢を低くして観察。そしてカモが潜ったら接近し、浮上したら動かない。そしてまた潜水したら接近を繰り返す。このとき、どちら向きに潜ったかを見ておき、その方向に移動しておくと真正面から浮き上がるケースが多い。

こちら向きに潜水したオス

正面に浮上したところ

この鳥にも会えるかも!

ビロードキンクロ
Melanitta stejnegeri

カモ科ビロードキンクロ属
全長 55cm

オスは全身が黒く次列風切は白色。目の下に特徴的な白色の斑がある。嘴は赤く、こぶのような突起がある。東北以南ではおもに外洋での観察が多いが、道東では漁港内にいて近距離で見られる機会が多い。

MISSION ★★★ 1 04

生息環境と時間帯を考えコミミズクを見つける

コミミズクは、日中見ることができるフクロウだ。毎年必ず同じ場所に渡ってくるわけではないが、一般的に夜行性として知られるフクロウ類が日中見られるというだけでも驚きだし、意外と身近なところで見られるのも衝撃的だ。ヨシ原がある干拓地や河川敷が狙い目。日中見られるといっても、おもに夕方の時間帯だ。

Field 渡良瀬遊水地（栃木県・群馬県・茨城県・埼玉県）

冬の野鳥観察のメッカともいえる渡良瀬遊水地。ヨシ原や公園、湖沼、林など野鳥が好む環境が揃っているうえ、駐車場や案内所もあって初心者には何かと便利。入場可能日や時間が決まっているので、事前にしっかり確認しておこう。

コミミズク *Asio flammeus*

フクロウ科トラフズク属　全長 38cm

全国の平地から山地の草地、干拓地、河川敷などに渡来する冬鳥。日没前からフワフワとした独特の羽ばたきで飛びながら獲物を探し、急降下して小型哺乳類を捕食する。短い羽角があるが目立たないことが多い。顔の色合いには個体差が大きく、顔盤が目立つ。

1 ヨシ原、畑地や干拓地、河川などが混在する場所に注目
2 明るいうちにノスリやチョウゲンボウを探す
3 薄暗くなってきたら、杭や看板の上を徹底的に見てみる

まず夕方、何時頃から動き出すのかがカギになるが、個体によって異なる。私の経験では、積雪がある場所のほうが動き出しが遅い感覚がある。遠出するよりも、むしろ都市近郊の河川敷や干拓地がよいだろう。日中はヨシ原や草むらなど地上で寝ているので、畑、ヨシ原、低木などが入り混じった変化のある場所がよい。変化のないだだっ広い畑地、干拓地のような場所は見込みがないだろう。

ネズミを好んで捕食するので、競合する捕食者のノスリやチョウゲンボウがいることも指標になる。あとは夕方、具体的には日没の1時間半前くらいから待ってみよう。体の割には細長い翼をピンと伸ばして羽ばたき、獲物を見つけると急旋回して地面に突っ込むような独特の行動が見られるだろう。

時折、ホバリングを見せることも

獲物を見つけてまっさかさまにダイビング

この鳥にも会えるかも!

ケアシノスリ
Buteo lagopus

タカ科ノスリ属

全長 オス 53cm、メス 60cm

全国で記録があるまれな冬鳥。年によってかなりの個体数が見られることがあるが、幼鳥が多い。干拓地などで日中から盛んにホバリングしてネズミを狙う。白色部がノスリより純白に近く、成鳥の顔は黒く、胸に黒い縦斑がある。

MISSION ★★ 1 05

冬の林に潜む忍者、トラツグミを探す

冬になると、平地の身近な公園がよい探鳥ポイントになる。一年中生息しているシジュウカラのような留鳥はそのまま居残っているし、秋冬になると海を越えて渡ってくる冬鳥、さらに春夏には北方や標高の高い場所に生息している鳥たちもやってくるからだ。冬は落葉して鳥が見やすくなるうえ、個体数や種数が多くなる。

Field 郊外の公園

薄暗い林、落ち葉が積もっている場所がある比較的大きな公園が狙い目。足音が立ちにくい遊歩道があればベスト。

トラツグミ *Zoothera aurea*

ツグミ科トラツグミ属 全長 30cm

本州では留鳥または漂鳥として生息するが平地では冬鳥。特徴的な虎柄が保護色になっている。薄暗い林を好み、地上で足踏みのような行動をしながら、落ち葉の下に潜んでいるミミズなどを捕食する。驚くとさっと飛び立って木にとまるが、すぐに地面に降りて採食行動を始める。

1 冬鳥がよく見られそうな公園の薄暗い場所を探す
2 さらに杉林と落ち葉がセットになっている場所に絞る
3 歩き回らず、鳥の動きや落ち葉をどける音で探す

トラツグミは人気の冬鳥の一つ。探すのに少々苦労するが、だからこそおもしろい。ツグミのなかまだが、キジバトほどの大きさだ。採食のために地上を歩き回っているが、みずからの羽色を知っているかのように落ち葉が積もっているような場所を好む。これが見事な保護色となって、近くにいても見つけにくい。

あまり警戒心が強くないため、いつの間にか近づいてしまい、思いがけず飛ばしてしまうこともある。鳥が林の中に隠れてしまうと、探すのをあきらめてしまいがちだが、トラツグミは地上採食だから、地面に降りたくて仕方がない。付近で待っていれば、音もなくさっと地上に降りてくるだろう。薄暗い林を好むが、意外と明るい場所にいることもある。

落ち葉だまりのなかにいる状態は保護色で、まるで忍者のよう

飛び立って木にとまるが、すぐに地上へ降りてくる

この鳥にも会えるかも!

ヤマシギ
Scolopax rusticola

シギ科ヤマシギ属
全長 34cm

山地で繁殖し、平地で越冬する漂鳥。北海道では夏鳥で、本州以南の平地では冬鳥。薄暗い林を好み、夕方から活発に行動して昆虫を採食する。長い嘴とずんぐりした体形が特徴で、大きな目が頭頂寄りにある。

達人コラム❶

北海道にはいないはずの冬鳥が函館エリアにはいる

真冬の北海道で出会ったミコアイサの群れ

冬の北海道にはなかなか興味深いことがある。もちろん、ひと言で北海道といっても広大なので、道南と道北、道東で見られる冬鳥に若干の違いが出るのは当然かもしれない。とくに最近、地域による違いを実感しているのは道南エリア。そもそも道南エリアは地理的な理由から北海道の中でも他地域とは鳥相が異なり、夏にはオオヨキシリやホトトギス、アカショウビンが見られる。ただ、これは夏鳥の話。最近、図鑑の解説では冬にはいないとされる鳥が、当たり前のように見られているのだ。

例えばカワセミ。冬の北海道では、基本的には湖沼が凍結するため食べ物がとれないから夏鳥と記載がある。ただ場所によっては、冬でもカワセミが見られているし、旅鳥のミコアイサやセグロカモメ、ユリカモメも最近よく見かける。温暖化のせいなのだろうか? 図鑑の記述と異なる小さな発見は、自然界の大きな変化の兆しなのかもしれない。

2

FEBRUARY

如月

ウグイスの
初鳴きが
聞かれる

ウメが咲き、
メジロが蜜を
なめにくる

エナガが
巣材の羽根を
くわえて運ぶ

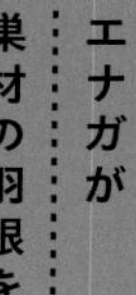

MISSION ★ 2 01

オオワシをさまざまなシーンで撮影しよう

厳冬期に北海道で流氷を見たいという人は多いだろう。だが知床には、流氷に負けないくらい、力強く美しいワシたちが乱舞している。冬鳥であるオオワシは11月中旬くらいから、留鳥のオジロワシは時期を選ばず見ることができる。流氷がやってくる2月中旬くらいからがおすすめだが、流氷が接岸するかどうかは風まかせになる。

Field 根室市・羅臼町（北海道）

北海道東部、おなじみの根室市、そして羅臼町は流氷がやってくるスポットとして観光でも有名。流氷が接岸する地域や時期は年によって変動がある。根室市にある風蓮湖は全面結氷した湖面にワシが集まることでも知られている。

オオワシ *Haliaeetus pelagicus*

タカ科オジロワシ属 全長 オス88cm、メス102cm

おもに北海道東部の沿岸部に渡来する冬鳥。本州でも湖沼等に定期的に越冬飛来する個体がいる。成鳥は巨大な黄色の嘴、白黒の体色のコントラストが美しく飛翔時はくさび形の尾羽が目立つ。おもに海や河川で魚を捕食し、秋には遡上するサケを狙って群れることもある。

1 天気を見極めて、観光船に乗る時間帯を決める
2 船を降りたら周辺の木にとまっているワシを撮る
3 晴天も曇天も活かし、合うシーンを撮る

オオワシを流氷と絡めて近くで見られる場所はほぼ日本しかないことから、世界中のワシファンが道東に集結する。ただ、流氷は毎年必ずくるものではないし、風向きによってはすぐに陸地から離れてしまう。そこでおすすめなのが観光船。日の出前に沖へ出れば、日の出と流氷とワシをセットで撮影できる可能性がある。一方、日中に沖へ出れば、青く輝いて美しい流氷と一緒に撮影できる。天候に応じて動こう。

船を降りてからは周辺の木々にとまっているワシを撮影できる。飛翔シーンは晴れて青空の日がよく、木々にとまるワシは小雪が舞っているような日も情感がある。また、凍った湖上を歩くワシのユーモラスな姿や、打ちあげられたアザラシの死体などに群がる、迫力あるシーンに出会うこともある。冬の道東はどこに行ってもワシに出会うので、さまざまなシーンを想定して準備しておくことが重要だ。

飛翔する姿は青空に映える

歩く姿は目線を下げて撮影するとよい

この鳥にも会える!

オジロワシ
Haliaeetus albicilla

タカ科オジロワシ属

全長 オス 80cm、メス 94cm

北海道の沿岸部に渡来する冬鳥。道北や道東では少数が繁殖する。尾羽は白く、緩やかなくさび形で嘴は淡い黄色。全身褐色で、成鳥は頭部が白っぽい頭巾を被ったよう。幼鳥はオオワシに似るが嘴の半分が黒い。

MISSION ★★ 2 02

タンチョウの動きを読んで激写しよう！

サルルンカムイ（湿原の神）とも呼ばれるタンチョウは北海道を代表する野鳥で、群れ飛ぶ姿は美しいものだ。繁殖期は道内の湿地帯につがいで生活しているが、冬は餌を求めてサンクチュアリと呼ばれる保護区に集まっている。やはり、氷と雪景色の中で飛翔や鳴き交わし、求愛ダンスなどの行動が見られる2月が撮影に最適だ。

Field 鶴居村（北海道）

釧路空港から北へ1時間ほどのところにある鶴居村は、内陸ということもあり、1月下旬頃からは寒さが最も厳しくなる。それが厳冬期ゆえの別世界的な景観を醸し出し、タンチョウの美しさを際立たせる。

タンチョウ *Grus japonensis*

ツル科ツル属 全長 145cm

おもに北海道東部に留鳥として生息し、釧路湿原などの湿地帯で繁殖。冬季は餌を求めて鶴居村などのサンクチュアリに集まる。雌雄同色で全身が白く、頭頂に赤い皮膚の裸出部がある。顔から首、次列風切と三列風切が黒い。幼鳥は頭部から首が褐色。

1 群れから離れるのが、次の行動に移るサイン

2 2羽で離れたら、求愛行動が始まるかもしれない

3 飛び立つときも、群れを離れてから助走し始める

タンチョウの行動で、誰もが見たい撮りたいのが求愛ダンス。サンクチュアリでは基本的に群れでいるが、不意につがいと思われる2羽がなんとなく群れから離れ始めることがある。この動きを見逃さないようにしたい。とにかくこの2羽を追うと、やがて鳴き交わしや求愛ダンスが始まる。群れの中でいきなり鳴き交わしや求愛ダンスが始まることもあるが、ゴチャゴチャしていて撮影には向かない。

飛翔シーンを撮影する場合も、群れを離れる動きがサイン。ゆっくり歩きながら群れを離れる個体に素早くフォーカスする。その個体が首を下げたら、飛び立つための滑走に入るサインだ。

優雅で華麗な姿が青空に映える

鳴き交わすつがい。白い息が寒さを象徴する

Column 究極の寒さ = 美しさの中で撮影しよう!

冬の北海道が寒いことは誰でも想像できるだろうが、地域によってかなりの差がある。タンチョウが生息している場所の多くは内陸部にあるため、とくに寒さが厳しい。

タンチョウのねぐらとして知られる場所は快晴、無風なら、日の出の頃には気温が−20℃を下回ることも珍しくない。川霧が立ち込め周囲には霧氷ができ、それらを朝日が照らし出す光景は幻想的。そこにタンチョウが絡めば最高のシャッターチャンスとなる。

MISSION ★★ 2 03

大人気のシマエナガを見つけよう！

冬の北海道といえば、以前はオオワシ、オジロワシ、タンチョウ、シマフクロウが代表種だった。最近、人気急上昇で、それらを上回る存在になったのがシマエナガ。北海道のみに生息するエナガの亜種で、真っ白な羽毛につぶらな瞳がかわいいと大人気だ。保温のために羽毛をふくらませ、もふもふした姿になる厳冬期がおすすめ。

Field 屈斜路湖畔（北海道）

北海道道東エリアにはいくつかの公園があり、基本的にはそれらどこでもシマエナガに出会える可能性がある。中でもおすすめなのが屈斜路湖畔。砂湯や和琴半島はどこに行っても林があり、シマエナガや小鳥類を見るのにおすすめ。厳冬期は凍結路面での転倒に注意。

シマエナガ *Aegithalos caudatus japonicus*

エナガ科エナガ属　全長 14cm

エナガの亜種で、国内では北海道のみに分布する留鳥。本州以南で見られるエナガとは異なり、黒い眉斑がなく頭部全体が純白。正面から見た姿が雪だるまやふわふわのぬいぐるみのように見え話題になっている。群れなしでは生きていけない社会性をもつ鳥。

〈鳴き声〉

1 鳴き声で群れを見つけ、動きをよく観察する
2 樹液の出ている木を探す
3 追うのではなく、待ち受ける

冬の林を眺めて、小鳥の群れを探す。シマエナガはあまり木々がこみ合っていない比較的開けた林を好み、一定範囲を巡回する。常に群れで行動するので、比較的見つけやすい。本州のエナガと同じ「シシシシシ」「ジュール、ジュール」などの鳴き声も手がかりになる。白っぽく見える小鳥の群れを見つけたら確認しよう。

撮影するとなると、動きが素早く、追いかけてもなかなか難しい。なにしろ冬の北海道で移動するには、雪をラッセルするか、転ばないように気をつけながら氷の上を歩かなければならないのだ。そんなときは、いったんカメラを置いて群れの動きをよく見てみると、必ずやってくる木があることに気づく。カエデ類やシラカバは樹液が出やすい。樹液の出ている木を見つけたら、あとはそこで待っていれば、かわいらしい姿を撮影することができる。

開けた雑木林を飛び、どんどん移動する

何度もやってきて樹液をなめる

雪上をジャンプしながら移動することもある

MISSION ★★★★ 2 04

松林で神出鬼没なイスカを探す

俗にいう「赤い鳥」はどれも人気があるが、それらの多くが冬鳥。年によって渡りに変動があるので、バードウォッチャーにとってはヤキモキさせられる鳥たちだ。イスカはそれに輪をかけて神出鬼没。冬鳥ながら春や真夏に観察されることがあり、謎多き存在である。マツの種子を好むため、マツ林がある山地林が狙い目だ。

Field 山地の松林（長野県）

信州の山地林は冬の訪れが早く、たいてい年末には雪が積もっている。松ぼっくりが転がっている場所が狙い目だ。歩くときには雪の侵入を防げる靴や防寒装備が重要。車での移動では、道路の凍結を想定して備えておくことが不可欠だ。

イスカ *Loxia curvirostra*

アトリ科イスカ属　全長 17cm

平地から山地の針葉樹林に渡来する冬鳥で、局地的に繁殖している漂鳥個体もいる。オスは全身が濃い赤色、メスはオリーブ緑色。羽色には個体差がある。マツの種子を好み、先端が交差した嘴を松かさの中に差し込み、球果から種子を取り出して食べる。

達人はこう探す!

〈地鳴き〉

1 飛翔時の特徴的な声で見つける

2 飛んでいる姿を捉え、目で追ってとまる位置を見極める

3 松林に差し込む光を鳥が遮る瞬間を捉える

イスカは松ぼっくりにとりついて種子を食べているときには、まったく鳴かない。一方、移動のために飛び立ったとき、飛んでいるときは「ピキッ、ピキッ」とかなり特徴的な声で鳴くため、飛んでいるときに見つけるケースが多い。そういうときは、とにかく飛んでいる姿を目で追う癖をつける。そしてどの木にとまったのかを確認する。

アカマツやカラマツの球果にやってくる

あとは姿を探すのだが、さすがに針葉樹林は真冬でも枝葉が遮って、なかなか姿を見つけられない。しかも採食を始めるとまったく鳴かないので、間近にいても気づかないことが多く、よく飛ばしてしまう。ただ種子を採食するために、松ぼっくりから松ぼっくりへ頻繁に移動する動きはある。だからイスカの姿を目で追うこともちろんだが、松の葉の隙間から差し込んでくる光を、鳥が遮る瞬間を見るようにすると見つけやすい。

松ぼっくりの中の種子を食べるせいかよく水を飲む。
寒冷地では氷をかじって水分補給している

落ちている松ぼっくりの中に残っている種子も食べるので
地面にも注意を払う

MISSION ★★★ 2 05 レンジャクが来そうな場所に見当をつけよう

バードウォッチャーの冬の楽しみの一つがレンジャクだろう。冬鳥は個性的で魅力的な種が多いのだが、レンジャク類もユニークな顔つきや美しい羽色から人気が高い。いつでもどこでも見られる鳥ではないが、年によっては数百羽の大群が見られることがあり、圧倒的な迫力だ。渡来するのは晩秋だが、平地では2月下旬が狙い目。

Field 山中湖（山梨県）・赤城山（群馬県）

レンジャク類を平地で見るのであれば、2月中旬くらいからだろう。この頃からは個体数が増えだし、3月中旬くらまいまでは安定して見られる。ほとんどの場所でヤドリギの実を食べているのでヤドリギがある場所がおすすめ。

ヒレンジャク *Bombycilla japonica*

レンジャク科レンジャク属 全長 18cm

全国の山地林、公園林などに渡来する冬鳥。年によって渡来数が大きく変動し、まったく見られない年もあれば、数百羽の群れで見られる年もある。立ち上がった長い冠羽が特徴で腹は中央が白っぽく、尾羽の先端は赤色。ナナカマドやヤドリギ、クロガネモチなど木の実を食べる。

1 好みの実が多い場所にアタリをつけておく
2 飛来する時期になったら定期的に確認する
3 フィールドサインも手がかりになる

レンジャク類は、渡ってくるのか来ないのか予測がつかない。年によってものすごい大群が来るか、まったく来ないかで、とにかく安定しない。彼らが飛来しそうな場所にあらかじめアタリがつけられれば、発見効率が上がることはいうまでもない。

飛来するのは、もちろん好みの食べものがある場所。地域によって異なり、北海道ではナナカマド、東北ではリンゴ、そして関東の平野部ではヤドリギを好んで食べる。あらかじめヤドリギを探しておき、定期的に確認する。ヤドリギはアフロヘアのようにモコモコして見えるため、とくに秋から冬は容易に見つけられる。落ちている実やフンなどのフィールドサインも、鳥がきていることを示す手がかりになる。関東の平野部では2月中旬頃から個体数が増えるので、その頃が狙い目だ。

右がヒレンジャク。腹の色でも見分けられる

春先は地面に落ちた実にも群がる

この鳥にもきっと会える!

キレンジャク

Bombycilla garrulus

レンジャク科レンジャク属

全長 20cm

全国の平地から山地の林、公園林などに渡来する冬鳥で、北日本に多く、東日本では少数がヒレンジャクの群れに混じる。長い冠羽が特徴で腹は一様に灰色。尾羽の先端は黄色。次列風切の羽軸先端に赤い蝋状物質が付着している。

MISSION ★★★ 2 06

憧れの赤い鳥、オオマシコは林の縁で見つける

冬に見られる「赤い鳥」の中でもとくに人気があるのがオオマシコだ。単純に見た目の美しさもあるが、渡来数が少ないという希少性もあるのだろう。市街地の公園など身近な場所で見られることはまずなく、人里離れた場所で越冬しているという印象も、出会いたいという願望を掻き立てる。雪景色で見たいなら2月がおすすめだ。

Field 山地のハギが生える林道

2月ともなると積雪があるため、車が通れるような舗装された林道、整備された遊歩道など安全面を考慮する。道路脇で観察するため、こみ入った林内の細い林道ではなく、道幅がある比較的開けた林道がよい。

オオマシコ *Carpodacus roseus*

アトリ科オオマシコ属　全長 17cm

冬鳥として全国の平地林、山地林に隣接する草地に渡来し、数羽の小群で見られることが多い。年によっては、まったく見られないこともある。ハギ類の種子を好んで食べ、細い枝に器用にとまって種子をついばんだり、道端に落ちた種子を食べる。「チー」と細く金属的な声で鳴く。

1 林の中ではなく縁を見る
2 ハギの実が豊富な場所を探す
3 地上に降りていることが多い

雪景色の中にいる写真をよく見るので、オオマシコは雪をラッセルしないと行けないような雪原や雪山にすむ鳥だとイメージしてしまう。でも、じつは深い森の中ではなく、開けた場所にいる鳥だ。彼らはハギ類の実を好んで食べるので、実が豊富な場所を見つけることがオオマシコ探しのカギとなる。

ハギが実っているのは林道などの道端だ。また、道路工事などで重機が入り、道を掘り起こすような作業後には必ずといってよいほどハギが見られる。つまり見るべきは林の中ではなく、縁ということ。道端にたくさん実っているハギの実をオオマシコが食べていないか、また地上に群れがいないか、丹念に探そう。ちなみにオオマシコはヨモギの実も好む。ふだんからハギやヨモギなどの野草に注目しておくとよい。

細い枝にとまって器用にハギの実を採食する

頻繁に地上へ降りて種子を採食する

この鳥にも会えるかも！

ミヤマホオジロ
Emberiza elegans

ホオジロ科ホオジロ属
全長 16cm

全国に渡来する冬鳥で、西日本に多い傾向がある。小群で生活し、平地林の地上で種子などを食べる。雌雄ともに冠羽があり、オスは頭頂、顔が黒く、胸には三角形の黒斑がある。眉斑と喉が鮮やかな黄色で目立つ。

達人コラム❷

難しいけど覚えたい、ホオジロ類基本3種の地鳴きの違い

ホオジロ類は種が多いうえ、その地鳴きのほとんどが「チッ」と聞こえる。図鑑を見ても微妙な違いはあるものの、ほぼそう書いてある。もちろんこれは間違いではないし、かすかに聞こえるような声をカタカナで書くこと自体、かなり難しくなってしまうのは仕方がない。私もさまざまなホオジロ類の地鳴きを聞き、自分なりに理解はできているが、これを言葉で他人に伝えることには限界がある。そこで、声の違いをなんとか表現できるホオジロ類を、基本3種としてお伝えしている。

それは比較的よく見かけるホオジロ、アオジ、カシラダカで、場合によっては同じ場所でこの3種が同時に見られることもある。まずホオジロは「チッ」という声が「チチチチチッ」と連続することが多い。アオジは「チッ」と鳴くこともあるが、「ヅッ」と濁ったひと声で聞こえる。カシラダカは「チョッ」とこもった感じで声量がなく聞こえる。ちなみに「カシラダカとミヤマホオジロ」、「ノジコとクロジ」は酷似していて今でもよく間違える。

ホオジロ

アオジ

カシラダカ

3 MARCH 弥生

スズメがサクラの花を切り取る

カワセミが求愛給餌を行う

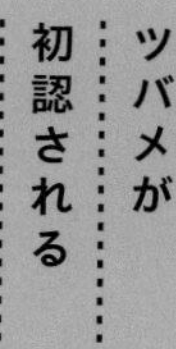

ツバメが初認される

MISSION ★★★★ 3 01

ヤマセミが好む環境を探して出会う

白と黒のシックな色合いと長い冠羽が特徴的な大型のカワセミ類、ヤマセミ。警戒心が強く、なかなか出会うことができない。身近な環境の水辺では見られなくなったが、意外な場所にいたりするので、まずはヤマセミが好む環境を知り、それに似た環境を探そう。 葉が落ちて探しやすくなる冬に、ダム湖などを狙ってみるのがよい。

Field 丹沢湖・宮ヶ瀬ダム(神奈川県)

深い森に囲まれたダム湖ながら、都心からのアクセスが比較的よい。現地では徒歩での探鳥が基本になるので、体力が必要。荷物はザックに入れて歩こう。マイカーの場合は駐車位置や防犯対策にも気をつけたい。

ヤマセミ *Megaceryle lugubris*

カワセミ科ヤマセミ属 全長 38cm

ほぼ全国の河川、ダム湖などに留鳥として生息。カワセミのように身近な場所にはおらず、山深い場所、周囲に樹木が多い場所を好む。とさかのように逆立った冠羽と白黒の鹿の子模様が特徴で、ダイビングやホバリングなどを駆使しておもに魚を捕食する。

1 視界のよいところから湖岸や川辺を眺める
2 そこから絞り込んで、目立つ木や岩を探す
3 さらに絞り込んで、白っぽい塊を探す

ヤマセミは川や湖沼でダイビングして魚を捕る鳥。とりあえずどうしたら効率よく魚を捕れるかを、ヤマセミの身になって考えてみよう。ヤマセミはあまり深く潜って魚を捕ることはできないし、勢いよく流れている急流でも、おそらく思うように捕れないだろう。また、獲物を探すためのとまり木も必要だろう。そう考えていくと、比較的流れの緩い山沿いの川、そして川面に覆いかぶさるように伸びる木の横枝、あるいは川岸に樹木があることがポイントになる。また川面から飛び出している岩なども、獲物を探すとまり場として使えそうだ。

湖沼は水深があるので、ヤマセミ探しにはあまり向いていないが、水辺の水深が浅い位置なら可能性がある。また樹木にじっとしているヤマセミを探すことを考えると、葉が茂っていない冬季が見つけやすいことになる。

まずは全景を見て、それから岩や木を見る

発見のイメージ。白い塊のように見える

この鳥にも会えるかも!

クマタカ

Nisaetus nipalensis

タカ科クマタカ属

全長 オス 72cm、メス 83cm

全国の山地林に生息。最近は高圧鉄塔にとまっている個体をよく見かける。成鳥は顔が黒く、後頭には冠羽がある。翼の幅の広さと翼下面の斑模様が印象的。幼鳥は体下面が白っぽく、ハチクマの淡色型のように見えることがある。

MISSION ★★★★ 3 02

カモメ観察のメッカで、レアなカモメを見つけ出す！ 小型カモメ編

ふだんは何でもない漁港が、冬はよい探鳥地になる。カモメ類は見分けが難しいので敬遠しがち。でも、日本には銚子漁港、波崎漁港という世界有数のカモメ類観察地がある。漁港に白っぽいカモメのなかまが群れているのを、見かけたことはないだろうか。まずは小型カモメに的を絞ろう。圧倒的多数を占めるユリカモメを覚え、数少ないミツユビカモメを探してみよう。

Field 銚子漁港（千葉県）・波崎漁港（茨城県）

利根川を挟んで北側に波崎漁港、南側に銚子漁港がある。水揚げ中は仕事の邪魔になるため絶対に近づかないこと。またトラックが往来し危険。水揚げ作業中でない場所であっても、駐車位置に注意するよう心がけよう。

ユリカモメ *Chroicocephalus ridibundus*

カモメ科ユリカモメ属　全長 40cm　翼開長 92cm

頭部に目立つ黒斑。嘴、足は赤色

翼の灰色は小型カモメで最も淡い

ミツユビカモメ *Rissa tridactyla*

カモメ科ミツユビカモメ属　全長 41cm　翼開長 91cm

頭部にヘッドフォン状の黒い斑。嘴は黄色、足は黒色

翼の灰色はユリカモメより濃い

1 カモメが多い堤防を探して観察する

2 成鳥かどうかを確認し、幼鳥と区別して観察する

3 大きさの違い、嘴や足の色の違いを確認する

ユリカモメとミツユビカモメの比較ができ、ミツユビカモメが見つけられるようになったら、さらなるレアな小型カモメを探してみよう。昨冬、たまたまきわめてレアな小型カモメが2種現れた。

ユリカモメの群れに混じる、ヒメカモメ亜成鳥

まずは全長26cmでカモメ類最小のヒメカモメ。ユリカモメの群れに混じっているとその小ささがよくわかる。また飛翔時はミツユビカモメの亜成鳥に似ているが、頭頂や風切の模様に違いがあり翼開長は77cmしかない。

チャガシラカモメというレアな小型カモメも現れた。全長42cmでユリカモメとほぼ変わらず、嘴や足の色、頭頂の模様、翼の灰色の濃さもユリカモメとほとんど変わらない。ただ飛翔時、翼先に黒色部があり白斑がある。レアなカモメ探しでは飛翔中の観察も重要なのだ。

ミツユビカモメ亜成鳥飛翔。M字形の斑が目立つ

チャガシラカモメ冬羽飛翔。翼先に黒色部と白斑がある

ヒメカモメ亜成鳥飛翔。頭頂や風切の模様に注目

MISSION ★★★★ 3 03

カモメ観察のメッカで、カナダカモメを見つけ出す！ 大型カモメ成鳥編

冬の漁港には小型のカモメだけでなく、大型のカモメもたくさんいる。混在している大型カモメは、セグロカモメ、オオセグロカモメ、ワシカモメ、シロカモメ。ただ小型カモメのように足の色や嘴の模様に目立つ識別点がないため、翼の灰色の濃さと初列風切の模様で見分ける。これを基礎知識としてカナダカモメを探してみよう。

Field 銚子漁港（千葉県）

銚子漁港にはいくつもの港があるが、第一卸売市場近くの港は堤防が近いため、とまっているカモメを近い距離で観察できる。安全に車が停められ、かつイスなどを使ってじっくりカモメ観察ができる場所が多くて有利だ。

セグロカモメ *Larus vegae*

カモメ科カモメ属　全長 61cm

大型カモメ類を見分ける基準になる

オオセグロカモメ *Larus schistisagus*

カモメ科カモメ属　全長 64cm

翼の灰色がセグロカモメよりも濃い

ワシカモメ *Larus glaucescens*

カモメ科カモメ属　全長 65cm

翼の灰色がセグロカモメより淡く、初列風切が白灰色

シロカモメ *Larus hyperboreus*

カモメ科カモメ属　全長 71cm

翼の灰色がさらに淡く、初列風切が純白

1 カモメの群れが近い距離で見られる場所で探す
2 翼の灰色の濃さが均一に見られる、曇りの日に観察する
3 セグロカモメの翼の灰色を徹底的に覚える

カナダカモメ *Larus glaucoides thayeri*

カモメ科カモメ属 全長 58cm

静止時、初列風切下面は一様に灰色

飛翔時、初列風切外弁のみ黒い

カナダカモメを探すためには、大型カモメ基本4種を覚えることからだ。大型カモメの翼の色はすべて灰色なのだが、種によって濃淡が異なる。ものさしとなってくれるのが、個体数が多いセグロカモメだ。まずセグロカモメの翼の灰色の濃さを覚え、それよりも色が濃ければオオセグロカモメ、淡ければワシカモメ、さらに淡ければシロカモメとなる。

ただ灰色の濃さは順光では淡く、逆光では濃く見えるので、曇りの日に見るとよい。さらに翼の先端、初列風切を見るとより確実に識別できる。具体的にはセグロカモメとオオセグロカモメが白黒、ワシカモメは白灰色、シロカモメは純白だ。

カナダカモメの翼の灰色にはやや青みがあり、ワシカモメに近く、初列風切は外弁のみ黒く、下面には黒色部はなく一様に灰色に見える。

左がセグロカモメで右がカナダカモメ

MISSION ★★★ 3 04 いるのに気づかない！？ ミミカイツブリを見つけ出す

国内で見られる基本種のカイツブリ類は5種。そのうち冬鳥であり、類似種となる小型カイツブリ類が、ミミカイツブリとハジロカイツブリだ。後者は港湾から内陸の湖までよく見かけるが、前者は観察する機会が少ない。個体数が少ない、生息環境が限定されている、識別できていないなど、想定される理由を整理して探してみよう。

Field 岩礁がある海岸

基本的には海水域がよいが、河口、漁港、海岸などさまざまな環境があり、どれも可能性がある。岩礁のある海岸から外洋を眺めていると見つかる場合が多い。海が荒れている日は、岩礁帯や漁港内に入ってくる。

ミミカイツブリ *Podiceps auritus*

カイツブリ科カンムリカイツブリ属 全長 33cm

九州以北に渡来する冬鳥で、おもに沿岸や漁港などの海水域に生息し、規模の大きい汽水湖でも見られる。冬羽の成鳥は全身が濃い灰色で体下面と頬が白く、頬の白色部と頭頂の黒色の境目がはっきりしている。虹彩は赤色で、嘴基部とつながる赤い線がある。

1 海水域か淡水域かを考える
2 単独なのか群れなのかも考慮する
3 お尻の羽毛が逆立っているかいないかを確認する

類似種であるハジロカイツブリとミミカイツブリの識別点はいくつかあるが、逆光だったり距離が遠かったりすることが多い海の鳥見では、細かい識別ポイントを確認できないこともある。そんなときはまず、そこがどんな海かを考えてみる。漁港なのか、海岸なのか、外洋なのかということだ。この両種は一緒に見られることもあるが、ミミカイツブリのほうが海水域を好む傾向がある。漁港や汽水湖では両種を見ることはあるが、砂浜のある海岸や岩礁海岸でハジロカイツブリを見る機会はほとんどない。

また単独か群れかという点も重要だ。ハジロカイツブリは群れていることが多いのに対して、ミミカイツブリは単独で見られることが多い。そして浮いているシルエットは、ハジロカイツブリがふわっと膨らんで見えるのに対し、ミミカイツブリはスマートに見える印象がある。

ハジロカイツブリの嘴はやや上に反っている

ハジロカイツブリは群れるが、ミミカイツブリは単独

この鳥にもきっと会える!

ハジロカイツブリ

Podiceps nigricollis

カイツブリ科
カンムリカイツブリ属
全長 31cm

九州以北に渡来する冬鳥で、淡水の湖沼や河川、漁港に生息する。春先まで居残っている個体がいれば、美しい夏羽の個体を見ることもある。成鳥の冬羽は全身が濃い灰色で体下面と頬が白く、虹彩は赤色。嘴がやや上に反る。

MISSION ★★★★★ 3 05

冬羽のウミスズメ類から ウミバトを探し出そう

ウミスズメ類というと観察が難しい印象があり、バードウォッチャーでも敬遠する人は少なくないだろう。漁港内で見られることもあるが、まれだ。狙いを定めて観察するには、欠航のリスク覚悟で船に乗る必要がある。厳冬期よりも、少々春めいてくる3月頃がおすすめ。レアな小型ウミスズメ類が増え、種類が多くなるからだ。

Field 落石ネイチャークルーズ(北海道)

このクルーズの特長は、この海域で実際に漁をされている漁師さんが、自分たちの漁場にいる海鳥たちに興味をもち、運行していること。操船技術が一流なのはもちろん、海鳥の識別もできる。ウミスズメ類も撮影可能な距離で見ることができる。

ウミバト *Cepphus columba*

ウミスズメ科ウミバト属 全長 33cm

北日本の海上に少数が渡来する冬鳥。亜種ウミバト、亜種アリューシャンウミバトの2亜種が渡来する。ケイマフリ冬羽に似ていて後頸も白いものを亜種ウミバト、全身が銀白色で翼に大きな白斑があるものを亜種アリューシャンウミバトとしている。いずれも根室半島周辺海域では安定的に見られるが、他海域ではほぼ観察例がない。はるか彼方にいる個体を岬から観察することも可能だが、撮影となると距離を詰めるために小さな漁船に乗らなくてはならず、船酔いや荒天欠航のリスクはつきものだ。では、揺れる船の上からどうやって識別するかだが、白く見える部分を頭に入れておくことだ。黒い部分は見えづらくても、白い部分は目立つのだ。パズルのような感覚だが、普通に見られるウミスズメ類は10種に満たないので、ハードルは高くない。

ウミスズメ類を効率よく撮影するために

ウミスズメ類は種によって警戒心が異なる。
警戒心が強いコウミスズメやエトロフウミスズメは飛んで逃げる。
ウトウやケイマフリはとりあえず背を向けて泳ぎ、いずれは潜る。
一方、ウミバトやウミガラス、ハシブトウミガラス、エトピリカは警戒心が弱く、
意外にものんびり浮いているといった具合だ。個体差があるため、例外もある。
いずれにしても、飛んで逃げてしまう個体を追い回すようなことは慎みたい。

コウミスズメ *Aethia pusilla*

ウミスズメ科エトロフウミスズメ属 全長 15cm

下面が白く虹彩も白い。とくに警戒心が強く、
飛んで逃げてしまう

エトロフウミスズメ *Aethia cristatella*

ウミスズメ科エトロフウミスズメ属 全長 24cm

虹彩と飾り羽が白いが外洋では見えない。基本的には
真っ黒でずんぐりして見える

ケイマフリ *Cepphus carbo*

ウミスズメ科ウミバト属 全長 37cm

下面が白く目の周囲も白い。泳いで逃げる個体から
飛んで逃げる個体までさまざま

ウミガラス *Uria aalge*

ウミスズメ科ウミガラス属 全長 43cm

下面が白く顔も白い。船に対して横向きを保ち、
のんびり浮いている個体が多い

達人コラム 3

春の渡りで種ごとの「旬」をつかむ

ヤツガシラ

キビタキ

コサメビタキ

鳥たちの春の渡りは、いつ頃から始まるのだろう。南西諸島では2月頃からヤツガシラやクロウタドリの渡りが見られ、4月初旬にピークを迎える。本州ではツバメやサシバの姿を3月中旬に見かけ、春の渡りを感じるものだ。その後、4月に入るとセンダイムシクイ、オオルリあたりが口火を切り、渡りが本格化する。キビタキやコサメビタキ、コマドリ、コルリなどさまざまな夏鳥が次々にやってきて、ゴールデンウィーク頃に最盛期を迎える。5月中下旬にはオオムシクイやメボソムシクイが渡ってきて、サンコウチョウも期待できる。

このように渡りの時期に初認日を記録しておけば、種ごとの渡来時期の傾向をつかむことができる。都市公園の林にも夏鳥はやってくるので、身近な環境で野鳥のさえずりを覚えるチャンスにもなる。

4

APRIL

卯月

夏鳥の
さえずりが
聞かれる

エナガ団子が
見られる

シギチドリ類が
渡ってくる

MISSION ★★★ 4 01

短時間で三宅島のアカコッコに出会う

春の渡り期には日本海の離島で、珍しい渡り鳥を狙うというバードウォッチャーが多い。でも、この時期の楽しみ方はほかにもある。その一つが、東京都内から定期船で7時間ほどの三宅島。珍しい渡り鳥ではなく、ほぼここでしか見られない種類が多数生息しているのが島の魅力。代表的な鳥が日本固有種であるアカコッコだ。

Field **三宅島（東京都）**

三宅島に到着するのは、船の場合は基本的には翌日早朝。これはアカコッコが見やすい時間にぴたり一致する。三宅島には「三宅島自然ふれあいセンター・アカコッコ館」があり、情報収集に役立つので立ち寄って見るのもよい。

アカコッコ *Turdus celaenops*

ヒタキ科ツグミ属　全長 23cm

伊豆諸島とトカラ列島のみで繁殖する日本固有種。留鳥だが少数は渡りをしていて、本州でも記録がある。常緑広葉樹林など薄暗い林を好むが、おもに地上で採食するため、下草がなくて食べ物を探しやすい林道によく出てくる。オスの頭部は頭巾状に黒く、黄色い嘴とアイリングが目立つ。

1 フェリー到着直後の早朝が観察適時
2 道端を中心に見て、地上採食している個体を見つける
3 飛んで逃げられても、そこで待つ

三宅島に行ったことがない人からすると、アカコッコは見ることが難しい幻の鳥的な印象があるようだが、春の繁殖期であれば難しいことはない。むしろ島のあちこちで見ることができる鳥だ。ただ、そうはいってもハトやカラスのように、いつでもどこでも見られるわけではない。効率よく探すには、時間帯と場所が重要だ。狙い目はズバリ、早朝の道端。

アカコッコはアカハラやシロハラと同じツグミのなかま。採食は地上で行うことが多い。基本的には薄暗い場所を好むため、なかなか明るい場所で見られないし、撮影するのも簡単ではない。でも早朝は道路脇など明るい場所に出てきて、ホッピングしながら昆虫などを探しているので見つけやすい。東京を出発した定期船は早朝5時に三宅島に到着するので、いきなり観察に最適な時間帯ということになる。

警戒して樹上に上がっても、また地上に降りてくる

薄暗い地上で採食するメス

この鳥にも会えるかも!

イイジマムシクイ
Phylloscopus ijimae

ムシクイ科ムシクイ属
全長 12cm

夏鳥としておもに伊豆諸島で繁殖。三宅島では民家の庭先の林から深い森の奥まで、どこにでもいてよくさえずる。全体に緑みを帯び、センダイムシクイに似るが頭央線がなく、眉斑は細い。アイリングは白く、前後で途切れている。

MISSION ★★★ 4 02

特別天然記念物のアホウドリ発見に挑戦！

春の伊豆諸島近海は、国内で見られる野鳥の中でもひときわ大きく、優雅に飛ぶ特別天然記念物、アホウドリが見られる確率が高い。伊豆諸島の鳥島で繁殖し、早春には伊豆諸島各島の付近に食べ物を探しにきていることが長年の観察記録からわかった。冬季も見られるが、美しい羽の成鳥を多数見るなら4月が狙い目だ。

定期船「橘丸」のデッキ

Field 東京～八丈島航路

東京竹芝桟橋を夜に出発して八丈島に向かう航路は、毎日運航しているので比較的利用しやすい。海鳥観察は長時間見ていれば見ているほど海鳥に出会える確率が上がるが、初心者にはいきなりの長旅はきついものだ。だから実質1日だけのこの航路は、初めてのチャレンジにもってこい。

アホウドリ *Phoebastria albatrus* アホウドリ科アホウドリ属 全長 100cm 翼開長 240cm

北太平洋に広く分布し、伊豆諸島鳥島、尖閣諸島などで繁殖。現在、小笠原諸島聟島に繁殖地を移す計画が進行中。繁殖期は繁殖地周辺や太平洋上で見られ、非繁殖期はベーリング海まで渡る。完全な成鳥羽になるまでに10年以上を要することから、さまざまな個体が見られる。

1 初心者には安定している大型船がおすすめ
2 ものさしになる鳥のサイズ感をつかむ
3 船首方向を意識して見よう

アホウドリを見つけるには、いかに広い視野で観察できるかがポイント。広大な海原を舞う小さな鳥を、視野の網に捉えるような感覚だから、小さな網より大きな網のほうが捉えられる確率が高くなる。まずは、大海原に見える鳥の大きさの感覚をつかもう。

春の伊豆諸島近海で、ひっきりなしに飛んでいる鳥がオオミズナギドリ(p.77)。その翼開長はアホウドリの半分ほど。この大きさの感覚さえつかめば、高倍率で視野が狭い双眼鏡で探す必要がない。広い視野で探すことが発見できる確率を上げるコツだ。

海鳥は基本的に船首方向から飛んでくるので、常に船首方向に目を向けておく癖をつけること、それから目が多いほうが確率が上がるのでなるべく多人数で行くのもよい。おしゃべりをしながら探すほうが、飽きもこない。

若い個体。全身黒っぽく、嘴のピンク色が目立つ

よく見かけるタイプの亜成鳥。上面の白斑が目立つ

Column 初心者はまず大型船からデビュー

海鳥との距離を縮めるために、自由自在に動き回れる小舟をチャーターするやり方もある。だが、春の伊豆諸島近海のように常に荒れている海域では定期航路を航行する大型船のほうがよい。足元がしっかりしていて、居住性がよいことから船酔いのリスクが低いからだ。海況によっては三脚を使用することもできる。

MISSION ★★★ 4 03

優雅な夏羽は必見！ツルシギを見つけたい

春の渡りではさまざまなシギチドリ類が見られる。多くは国内では繁殖しない旅鳥だが、冬羽の地味な色合いから美しい夏羽（繁殖羽）に換わっていく途中に国内で翼を休めるため、夏羽を見ることができる絶好の機会だ。夏羽では赤みを帯びるシギ類が多い中、全身が黒くなるツルシギの夏羽はぜひ見てみたい。4月下旬がおすすめだ。

Field 霞ヶ浦周辺（茨城県）

4月下旬には田植えが終わり、たくさんのシギチドリ類が渡ってきては一定期間翼を休める。春はピーク期間が短く、よいタイミングに当たるのは難しい。広範囲を探索することが重要だが、農作業の邪魔にならないよう注意したい。

ツルシギ *Tringa erythropus*

シギ科クサシギ属 全長 32cm

旅鳥として春と秋の渡り期に飛来するが、春のほうが渡来数が多い傾向。全国の水田、湿地などの淡水域に数羽の小群で渡来し、本州以南では越冬個体も見られる。夏羽の成鳥は全身が黒く、前後で途切れる白いアイリングが特徴。嘴の先端は針のように細く、下に曲がっている。

1 田んぼではなくハス田に目をつける
2 比較的水面が広く開いたハス田を探す
3 合わせて周辺の畦道の上を丹念に探す

春のシギチドリ類観察の醍醐味は、夏羽の個体が見られることだ。シギチドリ類の夏羽といえば赤系の色合いになる種が多いが、ツルシギは黒くなる独特の風貌で人気がある。同じ水辺でもツルシギは淡水域を好み、さらにはハス田（レンコン畑）のような泥地、湿地を好む。また足が長いため、水深があっても気にすることなく行動し、あまり深いとカモのように水面に浮いてしまうこともある。

同じハス田でも収穫前の葉や茎がむき出しで水面の少ない場所や、収穫後のレンコンが敷き詰められた水深の浅い場所はとりあえず後回しにしよう。レンコンが完全に収穫され、池のようになっているハス田から優先的に探すとよい。また周囲の畦道もよく探してみよう。ツルシギは警戒心が弱い個体が多く、じっと待っていると足元まで歩いてくることもある。

嘴が針のように細く、先端が下へ曲がっている

水深があるため、カモのように浮かんでいる

この鳥にも会えるかも！

エリマキシギ
Philomachus pugnax

シギ科エリマキシギ属
全長 オス28cm、メス22cm

春と秋の渡り期に渡来する旅鳥で、少数は越冬する。淡水域を好み、秋には全身黄色みがある褐色の幼鳥個体が多く見られる。春の渡り期には、襟巻状の飾り羽が伸びつつあるオス個体がまれに見られる。

大海原を渡っていく小鳥たちを目撃しよう!

春の渡りの時期には、さまざまな夏鳥や冬鳥が見られる。渡りの時期だということを実感するが、小鳥については渡り途中で休んでいる鳥を観察することがほとんど。実際に渡っている様子を見るのは難しいが、それが可能な場所もある。青森県の竜飛崎では、海上に向かって飛び立つ小鳥たちを目の当たりにできる。

Field 竜飛崎(青森県)

青森県、津軽半島の先端部にある竜飛崎。北海道最南端の白神岬とは目と鼻の先。秋にはノスリの渡りが見られるが、小鳥たちでにぎわう春がおすすめ。ただ風の強い場所で、春でも真冬並みの寒さを感じることがある。

ヒヨドリ *Hypsipetes amaurotis*

ヒヨドリ科ヒヨドリ属 全長 27cm

全国の平地林から山地林、市街地、公園、住宅地などさまざまな場所に生息。春と秋には大群で海上を渡っていく姿が見られる。竜飛崎ではみるみる岬に集結し、その後、ハヤブサからの攻撃を避けるため、一団となって海面すれすれを渡っていく様子が観察できる。

1 渡りは天候に左右されるので、天気のよい日を狙う
2 視界のよい岬の展望台から観察する
3 早朝から午前中が狙い目

岬から飛び立ち、津軽海峡を渡る鳥はさまざま。ヒガラ、シジュウカラ、メジロなどの小鳥から、ヒヨドリの群れ、夏鳥のキビタキやオオルリ、ニュウナイスズメ、コムクドリ、冬鳥のアトリやマヒワ、シメ、時にはヒレンジャクやベニヒワ、イスカ、そしてスズメまでもが海を渡る。

実際に観察していると小鳥類が渡るのは早朝から午前中が多いようだ。感動的なのは、実際に海に向かって飛び立つところが見えること。何を思ったか、いったん飛び立った群れが戻ってくることも。さらには、ハイタカやハヤブサ、オオタカなどが小鳥類を狙って飛び回り、海を背景に眼下を飛んでいくノスリの渡りが見られることも岬ならでは。

また海上を眺めると、ハシボソミズナギドリの群れやウトウ、夏羽のシロエリオオハムが見られることも。渡りの時期なので珍鳥も多く、過去にはマダラチュウヒやケアシノスリ、ウタツグミ、シロハラホオジロに出会ったこともある。ただ、竜飛崎は通称、風の岬と呼ばれていて、時には立っていられないような強風が吹き荒れるほど。春でも真冬の装備で臨もう。

強風に耐えるヒガラ。こんな小さな鳥が海を渡っていく

ハイタカ。小鳥を狙いながら渡る猛禽類も多い

マダラチュウヒ。想定外の出会いも渡りならではの楽しみ

MISSION ★★ 4 05

声も姿も美しい青い鳥、オオルリを探そう

「幸せ」のイメージがあるからか、色鮮やかで美しいからか、青い鳥は人気が高い。国内で見られる青い鳥の中でも、比較的観察しやすいのがオオルリ。目立つ位置で、大きな声量で長時間さえずってくれるからだ。オオルリに出会うにはそのさえずりを覚えることが必要だが、どんな環境を好むかを知ることも重要だ。

Field 渓流のある山地林

オオルリが好む環境は、必ずしも標高の高い山地林とは限らない。平地でも山地でもそれなりの面積の山林と、渓流や沢がセットになっていることがポイントだ。これはオオルリが渓流沿いのガケなどで繁殖するためである。

オオルリ *Cyanoptila cyanomelana*

ヒタキ科オオルリ属 全長 17cm

九州以北の山地の林に渡来する夏鳥。渓流沿いの薄暗い林を好み、岩だなに苔を使って営巣する。繁殖期にオスは渓流沿いの高木の梢などでさえずる。オスの成鳥は頭部から体上面、尾羽が瑠璃色で顔から胸は黒く、腹は白い。メスは頭部から上面、翼が褐色で下面は白い。

〈さえずり〉

1 4月に林のある公園で渡り途中の個体を探す
2 5月以降は渓流や沢の流れる林を探す
3 さえずりが聞こえたら、目立つ木の梢などを確認する

4月、オオルリは夏鳥の中でも比較的早い時期に国内へ渡ってくる。繁殖地へ向かう途中、林のある公園に立ち寄るので、さえずりを手がかりに探すとよい。繁殖地の山地林よりも市街地の公園のほうが見通しがよいので、間近で見られる可能性が高い。澄んだ声で「ヒーヒーヒーヒー」と徐々に音程が下がっていくようなさえずりで、歌い終わりに「ギギッ」と濁った声で締めくくる。

5月以降は繁殖地の山地林で探そう。オオルリは渓流や沢沿いの林になわばりをもち、斜面で繁殖する。オスは高木のてっぺんなどにとまって、オレを見てくれといわんばかりに、大きな声で朗々とさえずる。声が聞こえる方向を頼りに、周囲でひときわ目立つ木の梢をよく探すと見つけやすい。

縄張り争いで、威嚇姿勢をとるオス

繁殖地ではメスもさえずることがある。近くに巣がある可能性があるので、その場を離れるようにしよう

この鳥にもきっと会える!

ミソサザイ
Troglodytes troglodytes

ミソサザイ科ミソサザイ属
全長 11cm

全国の平地林から山地林に生息する。繁殖期はおもに渓流沿いの低木や岩の上などで、短い尾を上げた独特の姿勢でにぎやかにさえずる。流れの音が大きいと、声量も大きくなるという。全身茶褐色で黒い横斑が各所にある。

達人コラム❹

ズミの実を頼りに、冬鳥たちをあえて早春の森で探す！

秋に日本に渡ってきて、そのまま越冬する鳥を冬鳥と呼んでいるが、では冬鳥たちはいったいいつまで国内で見られるのだろうか。もちろんこれは種類によっても異なるし、その年の気候でも変わるので一概にはいえないが、おおよそ4月中と考えるのが適当だろう。では冬鳥たちを見るのに最も適した時期はいつだろうか。

もちろんこれも一概にはいえないのだが、国内で見られなくなる時期の直前がおすすめだ。この時期は多くの冬鳥たちが移動するため、うまくすれば同じ場所でさまざまな種が見られるからだ。

探すポイントは木の実。とくにズミの実にはさまざまな野鳥たちが集まる。この時期の代表種はツグミ類だ。体が大きく群れで動き回っているので、鳥たちが来ているかどうかが、遠くからでもよくわかる。ほかにもアトリ、マヒワ、ウソ、シメといったおなじみの冬鳥をはじめ、オオマシコ、ベニヒワ、ヒレンジャク、キレンジャクなどの冬鳥たちも実に集まる。この時期、真っ赤な実は黒っぽくなり、しおれてしまっているが、渡りの鳥たちにとっては貴重な食料のようだ。

赤い実がなったズミの木

ズミの実を食べるツグミ

MAY

皐月

アオバズクや
サンコウチョウが
渡ってくる

フクロウの
幼鳥が巣立つ

カイツブリの
子育てが
忙しくなる

MISSION ★★ 5 01

デイゴの花にやってくるノグチゲラを見よう

　世界中で沖縄本島北部のやんばるの森にしか生息していない、ホントウアカヒゲ、ヤンバルクイナ、ノグチゲラを俗に「やんばる3点セット」と呼ぶ。その中で最も見るのが難しいのが密林の奥にいるノグチゲラ。でも、じつは開けた場所に出てくる時期がある。デイゴの花の蜜を吸いにくるときが、ノグチゲラと出会う最大のチャンスだ！

Field やんばるの森(沖縄県)

「やんばる」という地域名に明確な定義はないが、一般的には沖縄本島北部の国頭村、大宜味村、東村にある森のことを指す。ここはその約80%をイタジイやオキナワウラジロガシなどブナ科の照葉樹が占める亜熱帯常緑広葉樹林だ。

ノグチゲラ *Dendrocopos noguchii*

キツツキ科アカゲラ属　全長 31cm

国の特別天然記念物に指定され、沖縄本島北部のやんばる地域の森林にのみ生息する日本固有種。全体に暗赤色や濃赤褐色で、尾羽は黒色。翼は暗褐色で、初列風切に白斑がある。オスは頭頂が赤褐色、メスは黒褐色。動物食傾向が強いが、果実も好む雑食性。

〈地鳴き〉

1 あらかじめデイゴの花が咲いている場所を調べておく
2 飛んでくるときの「フィッ」という鳴き声を覚える
3 花にくるまでは近づき過ぎないようにする

ノグチゲラは樹林性が強く、推定個体数は約400羽ともいわれる希少種。狙って出会うのは難しい。でも過去の観察から、4月末から5月中旬にデイゴの真っ赤な花の蜜を吸いにくることがわかった。

花が満開のほうがやってくる頻度が高いのだが、開花時期は年によって1～2週間のずれがある。開花後もほかの鳥が蜜を吸い、オリイオオコウモリがデイゴの蜜を食べながら花を落とすので、常に花の状況を確認する必要がある。

デイゴにくるノグチゲラはそれほど警戒心が強いわけでないが、ある程度の距離を保って、目立つところでは待たず、鳥がいいところまで出てくるのを待つのがよい。また朝のほうがくる頻度が高く、「フィッ」と鳴きながらやってくることが多い。

オス。花の蜜を吸い始めると、警戒心が弱くなる

花にやってきたメス。蜜を吸い始めるのを待とう

この鳥にも会えるかも!

ヤンバルクイナ

Hypotaenidia okinawae

クイナ科ヤンバルクイナ属

全長 35cm

1981年に新種記載された世界的希少種で、沖縄本島北部にしか生息しない日本固有種。平地林や集落付近にも生息する。飛ばない鳥で、地上を歩きながら昆虫類を捕食する。額から体上面は緑褐色で、体下面には白い横斑がある。

MISSION ★★ 5 02

地鳴きを覚えて人気のサンコウチョウに出会う

オスの長い尾羽が特徴的な夏鳥のサンコウチョウ。その風貌といい、陽気なさえずりといい、南国の鳥といった風情でとても人気の高い夏鳥だ。ただ、渓流沿いの杉林のような、混んだ薄暗い環境を好むので、とにかく見つけるのが難しい。どんな環境で探すのがいいのか。じつは、ある程度茂った林がある公園が狙い目だ。

Field 林のある公園や、沢が流れる薄暗い林

渡り期も繁殖期も標高の高い山地林にいる鳥ではないので、ある程度茂っている公園林、郊外や低山の林がよい。沢が流れている薄暗い林を好む傾向もある。流れがあれば、水浴びや水を飲む場面に出会うチャンスもある。

サンコウチョウ *Terpsiphone atrocaudata*

カササギヒタキ科サンコウチョウ属
全長 オス 45cm、メス 18cm

本州以南の平地から山地の針葉樹林の薄暗い林に渡来する夏鳥。沢沿いの杉林を好み、空中を飛んでいる昆虫を飛びながら捕食する。成鳥のオスは尾が長く、頭部から胸が黒く、後頭に短い冠羽がある。体上面から尾は紫色がかり、嘴とアイリングはコバルトブルー。

〈地鳴き〉

1 5月(関東平地では中〜下旬)に林のある公園で探す
2 さえずりだけでなく地鳴きを覚え、手がかりに探す
3 ひらひらと飛び回るので、動きで居場所をつかむ

渡り途中のサンコウチョウが林のある公園などに立ち寄るのは、地域によって時期は異なるが、関東の平地だと5月の大型連休後、5月中旬から下旬が渡りのピーク。手がかりになるのは、「月日星(つきひほし)、ホイホイホイ」と聞きなしされる、個性的でわかりやすいさえずりだ。

ただ、始終さえずってくれるわけではない。じつは手がかりとしてもっと重要な鳴き声がある。それが「ギッ、ギッ」という濁った声だ。これはさえずりの前段でよく交える地鳴き。さえずらない場合でも、この声で鳴くことは多いので、覚えておいて目視と合わせて探すようにすると発見の機会が増える。また秋の渡りではそもそもさえずらないので、この地鳴きが探す手がかりになる。

これぞフライキャッチャー。飛んでいるトンボを捕らえた

Column フライキャッチャー発見の難しさと対策

サンコウチョウをはじめ、俗にフライキャッチャーと呼ばれる種はよく鳴いてくれるので存在に気づきやすい半面、飛びながら獲物を捕らえるため、なかなかじっとしてくれないという難しさがある。そこで、その習性を逆手にとることを考えよう。鳴き声だけに頼らず、またいきなり双眼鏡で探すのではなく、視野を広げて相手が動いた瞬間を目視で捉えることが見つけるための有効な手段となる。

メス

MISSION ★★★ 5 03

環境と地鳴きがポイント！コマドリを探そう

渡ってくる夏鳥の小鳥はどれも人気だが、とくに人気が高いのがコマドリだ。姿だけでなく鳴き声も美しいことが、大きな理由だろう。馬のいななきのような声量あるさえずりは、渓流が流れる山地林によく合うBGM。まるでお立ち台のように、目立つ場所で胸を張って延々さえずり続ける姿には威厳すら感じてしまう。

Field 上高地（長野県）

有名観光地ながら、生息する野鳥は豊富。遊歩道が整備され歩きやすいが、なにしろ登山客や観光客が多い。三脚を使う場合は、道をふさがないよう注意したい。明神池方面、さらには徳沢まで進めば、コマドリが多い環境だ。

コマドリ *Larvivora akahige*

ヒタキ科コマドリ属 [全長] 14cm

北海道から九州の亜高山帯の針葉樹林に渡来する夏鳥。笹が生い茂り、苔むした岩などがある渓流沿いの林を好む。成鳥のオスは頭部から胸までが鮮やかな橙色。胸の黒い線以下は灰色。地上近くの低い位置でさえずる。メスは黒い線がなく、全体に色が鈍い。

〈地鳴き〉

1 亜高山帯で笹やぶと苔むした倒木がある環境を探す

2 地上で行動することが多いので、視線は低く

3 地鳴きを覚えれば、やぶで見えなくても存在に気づける

コマドリは標高でいうなら1,500mほどの亜高山帯に生息している。さえずりを頼りに探すのが常套手段だが、コマドリが好む環境を知っておくと探しやすくなる。カギになるのは笹と苔。苔むした倒木があって、その周囲に笹やぶがあるような場所が好条件だ。またコマドリは足が長いヒタキ科の鳥。よく地上に降りて行動するという特徴も知っておこう。

コマドリは、地上を歩くときに「ツッ、ツッ」とよく鳴く。この地鳴きがわかる人は意外と少ないのではないだろうか。笹やぶの環境では、地上で行動しているコマドリを発見することは困難だが、この声が手がかりとなって、見えないコマドリの位置をだいたい知ることができる。あとはその付近にある倒木など、ソングポストになりそうなものに目をつけて待てば、効率よく観察することができる。

やぶの地上にいるときは見えないが、地鳴きが手がかりになる

オオルリやサンコウチョウと異なり、地上付近で行動する。そのため足が長い

この鳥にもきっと会える！

クロジ

Emberiza variabilis

ホオジロ科ホオジロ属

全長 16.5cm

本州中部以北の亜高山帯の針葉樹林で繁殖し、とくに下草に笹が多い場所を好む。冬は平地へ移動して越冬する個体も。オスは全身灰色でピンク色の下嘴と、背の黒い縦斑が目立つ。「ホイー、チーチー」という特徴的な声でさえずる。

MISSION ★★★★ 5 04

狙いを絞って コルリを見つけよう

夏鳥で青い鳥といえばオオルリとコルリ。名前は似ているが、生息環境や生態は対照的に異なる。薄暗い林を好み、木のてっぺんに出てこないコルリは見つけにくく、よりさえずりが重要になる。こういった場合は樹木が茂っていないとか、木の高さが低いとか、見つけやすい環境を見極めるのが探すコツだ。

Field 山中湖・河口湖周辺（山梨県）

コルリは平地林から亜高山帯の林まで、比較的さまざまな標高で見られるが、とくにその密度が高いのが富士山麓の林だ。富士山の北側に位置する山中湖、東側に位置する河口湖周辺はとくに個体数が多い。

コルリ *Larvivora cyane*

ヒタキ科コマドリ属 全長 14cm

本州中部以北の山地の針葉樹林、落葉広葉樹林に渡来する夏鳥。薄暗い林を好み、林床に笹やぶがある環境を好む。成鳥のオスは頭部から体上面、尾羽が瑠璃色で目先から頬は黒く、喉以下は白い。さえずりがコマドリに似る。メスは褐色で、腰に青みがある。

〈さえずり〉

1 笹やぶの茂る山地林で、さえずりをまず覚える
2 さえぎるものが少ないカラマツ林にいる個体を狙う
3 さえずりがやんだら、地上に注目する

コルリは笹やぶなど、ある程度下草のある林を好む。さえずりは派手で、長くさえずることから見つけてしまえば長時間観察が可能。だが、木のてっぺんには出てこないし、小型で動きが素早いのでそう簡単にはいかない。そこで、見つけやすい環境にいる個体に狙いを絞ろう。

新緑の葉が茂る広葉樹林は避け、カラマツ林に絞る。下草があっても、さえずるときは木の上に出てくる。カラマツ林はよい感じの横枝が多くあり、さえぎるものが少ないため姿を見つけやすい。ちなみにさえずっていないときは、地面で食べ物を探していることが多い。付近にある笹やぶの縁などを見ていると、間近で見られることも少なくない。これは足が長めで地上で行動するヒタキ科の鳥共通の習性だ。

さえぎるものが少ない、カラマツ林にいる個体が狙い目

さえずっていないときは、地上で採食していることが多い

Column 角度によって見つけやすさが変わる！

発見できるかは運にも左右される。正面向きなら白い部分が目立つが、後ろ姿だと濃紺で目立ちにくい。見つけることが一気に難しくなってしまい、案外うまくいかないこともある。

MISSION ★★ 5 05

春の北航路でミズナギドリを複数種観察しよう

南半球で繁殖を終えた海鳥とこれから北半球で繁殖する海鳥たち、その多くが一気に北の海域を目指して移動する北上期がこの5月。本格的な海鳥観察をしたいという人には、この季節がおすすめだ。海鳥はそれほど種類は多くないものの、この時期に限っては個体数も種数も最大値といってよい。

Field 大洗（茨城県）～苫小牧（北海道）航路

そもそも昼間の時間が長い時期なうえ、観察が日の出から日没までになること、また往復観察可能なため最大2日間観察の長旅になる。もちろん船室は出入り自由なので、疲れたときは休憩できるし、大浴場があるのもうれしい。

1 相対的な大きさの違いを捉える
2 羽ばたきの回数や深さを見る
3 滑翔する時間が長いか短いか

洋上を気ままに飛び回っている海鳥を効率よく観察するには、時期と場所を選ぶことが不可欠だ。春は南方で繁殖を終えた海鳥たちが、北方の海域を目指して移動する時期。北海道へ向かう北航路はかなりにぎやかになる。この航路で覚えておきたいのが、ミズナギドリと呼ばれるなかまだ。目立つ羽色の種がほとんどおらず、白と暗褐色など地味な色合いの種ばかりなので、なかなかぱっと見の特徴で識別ができない。そこで重要になってくるのが大きさの違いだ。

ここでいう大きさとは翼開長のこと。乗船する船の大きさによって海鳥までの距離は大きく異なり、図鑑に掲載されている翼開長を暗記しても、あまり役に立たない。相対的な大きさの違いを捉える感覚が必要だ。もう一つ重要なのが、羽ばたき。例えば飛翔する海鳥を双眼鏡で追いながら、羽ばたきを数える。これにより、羽ばたきが速いか遅いかを知ることができる。そして羽ばたき方。羽ばたきの回数が少ない鳥は深い羽ばたきになり、多い鳥は浅い羽ばたきになる傾向がある。また同時に滑翔時間も重要なポイントになる。

ミズナギドリのなかま

❶ オオミズナギドリ *Calonectris leucomelas*

ミズナギドリ科オオミズナギドリ属　全長 49cm　翼開長 115cm

北航路海鳥観察の基本種。日本近海で見られるミズナギドリ類では最大。翼下面が白いことも特徴、深くゆったりとした羽ばたきで滑翔時間は短い。

❷ ハシボソミズナギドリ *Ardenna tenuirostris*

ミズナギドリ科ハシボソミズナギドリ属　全長 42cm　翼開長 100cm

北航路に春を告げる海鳥。南半球から大群で北海域へと向かう途中、海面を埋めつくすアリューシャンマジックは有名。翼下面はうすぼんやりと一様に灰色。浅くせわしない羽ばたきで滑翔時間が長い。

❸ ハイイロミズナギドリ *Ardenna grisea*

ミズナギドリ科ハシボソミズナギドリ属　全長 43cm　翼開長 105cm

ハシボソミズナギドリと並んで北航路に春を告げる海鳥。ハシボソミズナギドリに酷似するが、嘴、胴体、翼が細長、翼下面はくっきりと白色に見える。浅くせわしない羽ばたきだが、ハシボソミズナギドリに比べると滑翔時間はやや短い。

❹ アカアシミズナギドリ *Ardenna carneipes*

ミズナギドリ科ハシボソミズナギドリ属　全長 48cm　翼開長 115cm

最も黒く見えるミズナギドリ。オオミズナギドリと並んで北航路で見られるミズナギドリでは最大。②③に比べて羽ばたきがゆったりしていて飛翔する姿はオオミズナギドリに似る。嘴、足のピンク色は野外でははっきり見えないことが多い。

❺ フルマカモメ *Fulmarus glacialis*

ミズナギドリ科 フルマカモメ属　全長 49cm　翼開長 100cm

白色型から灰色、褐色と個体差があるミズナギドリ。太い嘴とずんぐりした体形が特徴。羽ばたきにしなやかさがなく、パタパタ力強くはばたく印象で滑翔時間は短い。いつもうつむいているように見える。

達人コラム❺

クロツグミとガビチョウのさえずりを聴き分ける

シックな色合いが魅力のクロツグミ。林の鳥だが、開けた高原にも生息する。高原の個体は、木のてっぺんでさえずることから見つけやすい。とくによくさえずる5月は狙い目。美声で朗々とさえずり続けることも人気の理由だ。

クロツグミはさまざまな野鳥のさえずりを自身のさえずりに混ぜる、鳴きまねの名人でもある。私が聞いたことがあるだけでも、キビタキ、オオルリ、キセキレイ、ゴジュウカラ、ジュウイチ、ホトトギスなど、レパートリーが豊富だ。ただ、一連のさえずりのどこかで必ず「キヨコ、キヨコ」という鳴き声を織り交ぜる習性がある。これで、さえずりの主を探したとき、ガビチョウの姿を見つけてがっかりすることはなくなる(クロツグミのさえずりによく似ている)。両種のさえずりを聴き比べてみよう。

クロツグミ

ガビチョウ

6

JUNE

水無月

北海道の原生花園がにぎやかになる

身近な林の鳥の子育てが忙しくなる

ツバメが盛んに餌運びする

MISSION ★★★ 6 01

北海道の亜高山帯の人気者 ギンザンマシコを見つけよう

赤い鳥というと冬鳥をイメージしがちだが、北海道の夏を彩る野鳥にギンザンマシコという赤い鳥がいる。羽色の可憐なイメージとはまったく異なり、イカルやシメのようなずんぐりした体形をしている。この時期は亜高山帯のハイマツ林に生息する。初夏でも残雪があり、場所によっては遊歩道にも雪が残るので6月下旬頃が狙い目。

Field **大雪山旭岳（北海道）**

観光地として有名な美瑛町から車で1時間ほどで、旭岳ロープウェイ山麓駅。ここから8分ほどロープウェイに乗車すると、姿見駅に到着する。到着後はもうどこからギンザンマシコが出てきてもおかしくない環境だ。

ギンザンマシコ *Pinicola enucleator*

アトリ科ギンザンマシコ属　全長 22cm

北海道に分布する漂鳥で、高山、亜高山帯のハイマツ林で繁殖する。まれだが、冬に街路樹のナナカマドの実にやってくることもある。成鳥のオスはほぼ全身が濃い赤色でうろこ状斑がある。メスは頭部から胸、腰が黄緑色で腹は灰色。嘴は黒く、先端がわずかに交差している。

1 鳴き声に頼らず目視で探す

2 できる限り眺望のよい場所を選ぶ

3 鳴かずに不意に飛んでくることがあるので、注意する

夏の北海道を代表する赤い鳥といえばギンザンマシコだろう。年によっては冬に見られることもあるが、やはり亜高山帯のハイマツ林で、夏に見つけるのが確実だ。

ギンザンマシコを探すうえで最も厄介なのは、ほとんど鳴かないこと。ほとんどの野鳥を、声を手がかりに探している私にとって、鳴かない鳥は手強い相手だ。とにかく視界のよい場所から探すことを意識してポジションを決め、あとはひたすらハイマツ林を見続けるしかない。

ただ、ギンザンマシコは同じ赤い鳥でも、ベニマシコやオオマシコのような小鳥よりも大きい。姿は見えなくても、ハイマツを揺らしていることが多く、存在を知る手がかりになる。まれにルリビタキのような節でさえずることがあるが、こもったような声であまり声量がない。

メス。いきなり手が届くような場所に現れることも珍しくない

オス。雪原に落ちた種子をついばむこともある

Column　ギンザンマシコは漂鳥なのか?

夏に亜高山帯や山地で繁殖し、冬になると平地にやってくる鳥を漂鳥という。本州ではルリビタキやビンズイ、キクイタダキなどで、ほぼ毎冬どこかの公園などで見られる。ではギンザンマシコはどうだろう。冬季に都市部の街路樹や公園で見られることもあるが、だからといって毎冬見られているわけではなく、見られることはあるものの数年に一度のようだ。この冬季に見られているギンザンマシコは、夏季に道内で繁殖している個体なのだろうか。

MISSION ★★★★ 6 02

里山でひっそりと生きるチゴモズに会いに行こう

春に渡ってくる夏鳥のなかには、年々見ることが難しくなってきている種がいる。チゴモズもその一つ。アカモズとともに年々見ることが難しくなっており、近い将来姿を消すのではないかと危惧されている。夏鳥のなかでは渡ってくる時期が比較的遅く、6月初旬が狙い目。全国的に減少している里山の環境を好むようだ。

Field 十日町市（新潟県）

冬はスキーでにぎわうガーラ湯沢駅から、魚沼スカイラインを通って峠を越える。小さな集落が点在し、田んぼに屋敷林といった昔話のような風景が見られる。豪雪地帯らしく、玄関が2階にある縦長の家屋が見られる。

チゴモズ *Lanius tigrinus*

モズ科モズ属 全長 18cm

本州中部以北に渡来する夏鳥。分布は局地的で、減少傾向にある。水田と杉林など里山の環境を好み、地上採食で昆虫を捕食する。モズに似るが尾羽が短くて、頭が大きめ。成鳥のオスは頭部が灰色で、黒く太い過眼線がある。背と尾は栗色で、喉から腹にかけては純白で目立つ。

〈鳴き声〉

1 里山の小さな湿地帯+スギの高木
2 元気に鳴くオオヨシキリが目印
3 定点観察で周辺の目立つ木や杭、電線を探す

モズといえば、公園や河原など身近な場所でもよく見られる普通種。それに比べると同属ながら本種は個体数の少ない希少種で、今や幻の鳥といっても過言ではない。

小さな水田とそれを囲むような湿地帯、さらにそれらをスギの高木が囲むような場所。信州や東北にあるこんな環境では、必ずといってよいほどオオヨシキリが元気よく鳴いている。私はこのオオヨシキリを目印にして、チゴモズを探している。これらの条件を満たしている場所でしばらく待ってみる。

5月中旬から6月初旬であれば、杉の高木のてっぺんにとまっていたり、「ジジジジジ…」というアカモズの声を早送りにしたような声でよく鳴くのがサインになる。離れた位置からの見え方は、白くて細長いハクセキレイやサンショウクイに似た印象だ。

スギの高木の梢でなわばり宣言する

メスは目先が黒くなく、脇に黒斑がある

この鳥にも会えるかも!

ブッポウソウ
Eurystomus orientalis

ブッポウソウ科ブッポウソウ属
全長 30cm

本州、四国、九州に渡来する夏鳥。平地の里山やブナ林などに生息する。頭部は黒く、嘴と足は赤色。体は濃紺や緑色で光沢があり、飛翔時には風切基部にあるライトブルーの斑が目立つ。あまり鳴かないが飛翔時には「ゲッ」と鳴く。

MISSION ★★★★ 6 03

憧れのアカショウビンを探す!

多くのバードウォッチャーが憧れの鳥に挙げるのがアカショウビンだ。人気が高いカワセミのなかまで、全身が鮮やかな橙色。特徴的な鳴き声が聞こえても、姿を見ることはとても難しい。それがかえって見たいという意欲を掻き立てるのだ。渡ってくるのが5月初旬のため、求愛行動が見られるようになる5月下旬から6月上旬が狙い目。

Field 八東町(鳥取県)

鳥取県の八東ふる里の森には美しいブナ林が広がり、アカショウビンの生息地として知られている。園内は整備され、誰もが野鳥を気持ちよく観察できるよう制限区域を設けるなど、観察ルールとマナーが工夫されている。

アカショウビン *Halcyon coromanda*

カワセミ科アカショウビン属 全長 27cm

全国に渡来する夏鳥だが、北海道では少ない。ブナ林のような薄暗い林の沢沿いを好み、古木にみずから穴を掘って営巣する。カエル、カニ、魚類、昆虫などを捕食する。ほぼ全身が赤褐色で、喉は白く体下面は色が淡い。赤く長い嘴が特徴で、腰にコバルトブルーの斑がある。

〈さえずり〉

1 谷底をのぞき込めるような目線の高い場所を選ぶ
2 川や渓流ではなく、池や沢沿いにある横枝を探す
3 よく鳴く早朝が狙い目。ポイントを重点的に確認する

美しい種が多いカワセミ類のなかでも、とくに人気があるのがアカショウビンだ。カワセミと聞くと川や湖で魚を捕食する「清流の鳥」というイメージがあるが、そのイメージでアカショウビンを探してもまず見つけられない。

カワセミやヤマセミはほぼ魚食だが、アカショウビンは雑食性。川ではなく沢が好きで、イモリ、トカゲ、カエル、カタツムリなど湿地を好む生きものを捕食する。ブナ林の沢を探すのがよい。日中はほとんど鳴かないので、早朝にカエルの声がする沢の横枝を丹念に探そう。別名「雨乞い鳥」と呼ばれ、雨の日によく鳴くといわれているが、私の経験上は、雨の日にとくに遭遇率が高いということはない。

独特の姿勢でキョロロロロと尻下がりにさえずる

繁殖初期はつがいで見られるチャンス

この鳥にも会えるかも!

コノハズク

Otus sunia

フクロウ科コノハズク属

全長 21cm

全国のブナ林など比較的山深い場所に渡来し、繁殖する夏鳥。日本産フクロウ類最小で、褐色型と赤色型がある。虹彩は黄色で小さな羽角がある。おもにガなどの昆虫類を捕食する。オスは「ブッ、キョッ、コー」と鳴くが、夜行性ながら日中に鳴いていることもある。

MISSION ★★ 6 04

希少種オオセッカを近距離で観察しよう

6月ともなると林や森は葉が茂ってしまって暗くなるうえ、鳥たちの子育ても一段落してしまい、鳥見には不向きとなる。そんな時期でも元気よくさえずっているのが、明るく開けた草原にいる鳥たちだ。とりわけ局地的にしか生息していない希少種、オオセッカは独特のさえずり飛翔をするなど、行動を観察していて楽しい鳥だ。

Field 霞ヶ浦浮島湿原(茨城県)

局地的にしか生息していない希少種だが、茨城県の霞ヶ浦周辺、千葉県の利根川周辺のヨシ原では比較的よく観察されている。なかでも駐車場やトイレが整備されている、霞ヶ浦南部の浮島湿原はおすすめのポイントだ。

オオセッカ *Locustella pryeri*

センニュウ科センニュウ属 全長 13cm

留鳥または漂鳥で、青森県、茨城県、千葉県のヨシ原に局地的に生息する。国内総個体数約1,000羽の希少種。頭部から体上面は赤みのある褐色で体下面は白い。背にある黒く太い縦斑と、くさび形の長い尾羽が特徴。「ジュクジュクジュク……」と鳴きながらさえずり飛翔を行う。

〈さえずり〉

1 河川敷の堤防上など、広範囲を眺められる場所を選ぶ
2 さえずり飛翔をしている個体を探す
3 道の近くになわばりをもっている個体を探す

オオセッカは機械音のような特徴的な声で鳴くうえ、さえずり飛翔をするので、見つけるのはそれほど難しくない。まずは土手のような高い場所から観察。どの位置になわばりをもっているのかを面で知ることができ、土手や道からの距離感を測れる。同時にさえずり飛翔で垂直に飛び上がったオオセッカを目で追って、どの枝に戻ったかを確認する。

枝の高い位置にとまる個体と、やぶの中にとまる個体がいるので、高い枝にとまる個体を見極めると観察に有利。ちなみにさえずり飛翔時は声のトーンに変化があるが、枝にとまってさえずるときは声のトーンを一定に保つことがほとんどなので、さえずりを聞くだけで飛翔しているかとまっているかを知ることもできる。

さえずり飛翔のために飛び立つ。これを目で追うようにする

枝にとまってさえずるときは一定のトーンを保つことが多い

この鳥にも会えるかも!

コジュリン
Emberiza yessoensis

ホオジロ科ホオジロ属

全長 15cm

本州、九州の一部の草原に局地的に生息し、繁殖する夏鳥。冬は本州中部以南のヨシ原や農耕地で越冬するが、数は少ない。夏羽のオスは頭部が黒く、上面は赤みのある褐色で黒い縦斑が目立つ。明確なソングポストをもち、ホオジロに似た声でさえずる。

達人コラム 6

姿もさえずりも似ている、アオジとノジコの見分け方

アオジ（オス）

ノジコ（オス）

同じホオジロ属のアオジとノジコは、よく目立つ黄色い羽色が印象的で、一見すると似ている。でも繁殖期には、アオジのオスは目の周りが黒くなるのに対し、ノジコは目の周りを囲むように白いアイリングがある点が異なる。ちなみに両種の分布域は微妙に異なるため、比較しながら観察することが難しい。アオジはおもに東北以西の山地帯で繁殖し、ノジコはおもに信越から東北の山地帯で繁殖している。

長野県と新潟県の県境付近に位置している戸隠高原では、両種を同時に観察できる。早朝を中心によくさえずるので、聴き比べしてみるとよい。両種とも「源平つつじ白つつじ」と聞きなされるのだが、ノジコが連続した声で「源平つつじ白つつじ」と叫ぶように鳴ききるのに対して、アオジは「源、平、つつ、じ、白、つつ、じ」と区切るようにさえずるのだ。

7
JULY
文月

オオタカやツミの幼鳥が巣立つ

高原で花が咲き乱れ、草原の鳥がさえずる

アオバトが海水をよく飲みにくる

MISSION ★★★ **7 01**

宮古島の密林で小さくて鮮やかなキンバトに出会う

先島諸島にはキジバトよりもずっと小さく、鮮やかな色彩の可愛らしいハトが生息している。キンバトは体が小さいうえ、ほとんどの場合、島内の常緑広葉樹林の奥深くに生息していて観察しづらい。ただ時間帯や場所、その声を覚えることなどで、出会いの確率を上げることができる。暑くなり、水場によくくるようになる7月は狙い目。

Field 宮古島（沖縄県）

那覇から約300km離れた宮古島は、日本一美しいビーチもあって海のイメージが強い。だがサトウキビ畑や農耕地、そして意外にも常緑広葉樹林が点在している。また川がないことから、水路やため池に鳥が集まる傾向がある。

キンバト *Chalcophaps indica*

ハト科キンバト属 全長 25cm

先島諸島に分布する留鳥で、国の天然記念物。おもに平地から山地の常緑広葉樹林に生息するが、農耕地にいることもある。オスは額から頭頂が白く、後頭にかけて灰色がかる。顔から体下面は赤紫色、背は光沢ある緑色で小雨覆に白斑がある。嘴と足は赤色。

〈鳴き声〉

1 脱力感がある単調なさえずりを覚える
2 姿ではなく「パタパタ」という羽音で探す
3 早朝、人気のない公園や遊歩道で探す

夏の宮古島の森を歩くと、その深さに驚く。そこからリュウキュウアカショウビンやリュウキュウサンコウチョウなど、さまざまな野鳥たちのさえずりが密に聞こえてくる。キンバト以外のハトでは、リュウキュウキジバト、ヨナクニカラスバトが生息。それぞれ「デデッポッポー」、「ウーウー」という声で鳴いているが、キンバトは「ポォー、ポォー」「モー、モー」と聞こえる脱力感のある単調な声で7〜8回繰り返し鳴く。ハトとしては意外によく鳴くので覚えやすい。

また密林を飛び回るキンバトは飛び立ったときに翼が茂った葉に当たるのか、「パタパタ」という音が聞こえる。基本的には地上採食のため、遊歩道によく降りる。だが、地上にいるときは警戒心がきわめて強いので、人の気配がない早朝がおすすめだ。

水を飲むメス。暑い時期は水場で出会うチャンス

幼鳥は幼く見え、色合いも地味

この鳥にも会えるかも!

ミフウズラ
Turnix suscitator

ミフウズラ科ミフウズラ属
全長 14cm

南西諸島に分布。宮古島ではサトウキビ畑や草地、農耕地で見られ、比較的乾燥した場所を好む。一妻多夫で繁殖し、抱卵や子育てはオスの役割。雌雄ともに上面は橙褐色で白黒斑がある。メスは喉から胸が黒い。

MISSION ★★★★★ 7 02

道東の花魁鳥、エトピリカを見つける

エトピリカは花魁鳥とも呼ばれ、水面に浮かんでいる姿は、まるで海の上に花が咲いているようだ。ただ近年、その数を急激に減らしてしまい、日本国内で見ることが難しくなってきている。根室半島に隣接するユルリ島、モユルリ島はエトピリカの繁殖地として知られているため、この近海をクルーズする船から探すことができる。

Field **落石ネイチャークルーズ（北海道）**

この海域で実際に漁をされている漁師さんが、漁場にいる海鳥たちに興味をもち運航。操船技術は超一流で、撮影可能な距離でウミスズメ類を見ることができるほど。美しい夏羽のエトピリカを探すには、7月初旬が狙い目。

エトピリカ *Fratercula cirrhata*

ウミスズメ科ツノメドリ属 全長 39cm

北海道東部のユルリ島、モユルリ島、霧多布周辺の断崖で少数が繁殖。非繁殖期は近海の海上でも見られる。航行する船舶に飛翔して接近する行動をしばしば見せる。成鳥夏羽ではほぼ全身が黒く、顔が白い。橙色の嘴は扁平で大きく、両目の後方に黄色い飾り羽があり垂れ下がる。

1 船首のなるべく高い位置から海上を眺めるようにする
2 群れでなく、ぽつんと単独で浮いている個体に注目する
3 顔の白い三角形の部分を意識して探す

夏の道東の海上ではアホウドリ類、ミズナギドリ類、ウミスズメ類とさまざまな海鳥が見られるが、主役はあでやかな色合いが印象的な夏羽のエトピリカだ。頭部にかなり大きな白い三角形の部分があるため探しやすく、見間違うことはほぼないが、非生殖羽や幼鳥はウトウと間違いやすい。ウトウはエトピリカに比べて警戒心が強いため、船を近づけると潜って逃げるが、エトピリカはほぼ逃げない。

距離が離れているとシルエットが似ていて難しいが、おでこが出っ張っているか、なだらかに見えるかを比較する。おでこが出っ張っていて、やや顎を引いたような姿勢で浮いているほうがエトピリカだ。夏季の海上は比較的穏やかなことが多いが、漁船によるクルーズでは常に欠航のリスクがあること、また夏の道東の海上では濃霧の発生があることは頭に入れておきたい。

エトピリカ第1回生殖羽。おでこのシルエットに注目

ウトウの幼鳥はエトピリカの幼鳥に似るが、顎を引いたようには見えない

この鳥にも会えるかも!

チシマウガラス
Phalacrocorax urile

ウ科ウ属
全長 76cm

東北以北の沿岸部に渡来する冬鳥だが、数はきわめて少ない。北海道東部では少数が繁殖。夏羽は全身が黒く、光の角度によって緑色の光沢が見える。顔の部分は赤く裸出し、頭頂と後頭に短い冠羽があり、腰には白色斑がある。

MISSION ★★★ 7 03

天気がよい日に ライチョウの親子を探そう

高山鳥の代表種で、特別天然記念物であるライチョウ。手軽に見に行ける場所としてよく知られているのが立山室堂だ。一年中同じ場所で見られるが、天候が安定しない秋や寒さが厳しい厳冬期は観察に向かない。チングルマやイワカガミが咲き乱れる中を歩ける7月が狙い目。この時期なら親子連れが見られる確率も高い。

Field 立山室堂(富山県)

立山黒部アルペンルートでおなじみの立山室堂。北陸新幹線開業に伴い、東京から富山へのアクセスがよくなった。標高2,450mの室堂は別世界で、下界の酷暑を忘れさせてくれる。室堂平を覆いつくすように咲き乱れる高山植物も見事。

ライチョウ *Lagopus muta*

キジ科ライチョウ属 全長 37cm

南北アルプスなど標高2,500m以上の高山帯に通年生息する留鳥。冬は亜高山帯に移動する個体もいる。オスは繁殖期に「ゴー、ガガオー」と鳴く。羽毛は環境に応じた保護色。雪のある時期の冬羽は純白で、オスは赤い肉冠が目立つ。夏羽のオスは頭部から体上面が黒褐色で腹は白い。

1 広範囲を歩いて探すため、軽登山の装備で臨む
2 早朝や夕方など、観光客が少ない時間帯を狙う
3 晴天時はガレ場にいない。ハイマツのきわを探す

高山帯に生息しているライチョウ。国の特別天然記念物に指定されてはいるが、個体数がとても少ないわけではない。とはいえ、生息地は標高2,500mを超える高山帯。時期が重要だ。ライチョウは一年中生息場所を変えないが、冬は雪に閉ざされるし、秋は天候の急変があって危険。そう考えると夏がよい(夏もゲリラ豪雨や雷には注意が必要)。

一般的に、天候や視界の悪い日のほうがライチョウとの遭遇率が高いといわれる。外敵を警戒しているのだろう。実際、天気のよい日にはハイマツなどに隠れていてなかなか出会えない。だからといって天候が悪い日を狙って山に入るというのもおかしな話。だから例えば早朝や夕方の時間帯を狙ったり、登山客が少ない場所を探すというのもよいだろう。

ライチョウは人間に対する警戒心がほとんどないが、だからといって広い草原を闊歩しているなどということも決してない。警戒心が弱いことから、気がついたら足元にいた! という場合もある。とにかく目線を下げ、ハイマツや大きな岩の縁を丹念に見ながら歩くことだ。ライチョウは保護色なので探しにくいが、動いてくれれば、見つけられることもある。

保護色なので、目を凝らすことがたいせつだ

夏なら、かわいいひなに会える可能性もある

MISSION ★ 7 04

標高と植生を目安にメボソムシクイを観察しよう

日本国内で記録がある野鳥の種類は年々増え700種に迫る勢いだ。ムシクイ類は、見分けるのが難解なグループで、鳴き声を聞かない限り識別に確信がもてないという人が多い。ムシクイを攻略するなら、まずは比較的容易に見られる基本種を覚えることが重要。7月に亜高山帯でメボソムシクイを観察するのがおすすめだ。

Field 北八ヶ岳・八千穂高原(長野県)

北八ヶ岳のふもと、八千穂高原にある白駒池やメルヘン街道最高地点の麦草峠周辺(標高2,127m)に広がる針葉樹林は、亜高山帯にすむ野鳥の宝庫。白駒池や麦草峠に有料の駐車場がある。

メボソムシクイ *Phylloscopus xanthodryas*

ムシクイ科ムシクイ属 全長 13cm

夏鳥として本州、四国、九州に渡来。亜高山帯の針葉樹林で「チョッチョリ、チョッチョリ」と涼しげにさえずる。成鳥は全身がやや緑みがかった褐色で、体下面は白く脇には黄色みがある。眉斑は黄白色で明瞭。下嘴は橙色。針葉樹林の中を細かに移動しながら昆虫を捕食する。

達人はこう探す！

〈さえずり〉
メボソムシクイ　オオムシクイ　エゾムシクイ　センダイムシクイ

1 メボソムシクイが生息する標高、植生を知る
2 視界の抜けが比較的よい林にいる個体に目をつける
3 高木の中段が目線にくるような高さの場所を探す

ムシクイ類はどれも姿が似ていて、識別のプロをも悩ませる。まず、よく見られる種を基本種として覚え、それらとの違いで見分け方を覚えるようにしよう。メボソムシクイの場合、よく似た種としてセンダイムシクイとエゾムシクイが挙げられる。幸いなことにこの3種は生息環境が異なり、標高が1,000mほどの低山ならセンダイ、標高2,000mほどの亜高山帯ならメボソ、その中間付近に生息するのがエゾと分かれている。当然のことながら植生も異なり、センダイは広葉樹林、メボソは針葉樹林、エゾは両方の環境に生息する。

比較的見つけやすいとはいえ亜高山帯の針葉樹林は茂っていて、しかもメボソは高い位置を動き回っている。比較的抜けがよく、見通しが効く林をなわばりにしている個体を狙おう。なお、メボソに酷似していて本州では繁殖記録がなく、渡り期によく観察されているオオムシクイの鳴き声は「ジジロジジロジジロ」。メボソの「チョッチョリ、チョッチョリ」とは異なる。前者はテンポが速く、後者は遅い。

この鳥にも会えるかも！

エゾムシクイ
Phylloscopus borealoides
ムシクイ科ムシクイ属
全長 12cm

北海道、本州中部以北、四国に渡来する夏鳥。山地から亜高山帯の林に生息する。体上面は緑みがある褐色で明瞭な白い眉斑があり、不明瞭な翼帯が1～2本ある。「ヒーツーキー」とさえずる。

センダイムシクイ
Phylloscopus coronatus
ムシクイ科ムシクイ属
全長 13cm

九州以北に渡来する夏鳥。落葉広葉樹林など、比較的明るい林を好む。「チヨチヨ、ビー」という独特のさえずりは「鶴千代君」と聞きなされる。頭部に灰色の頭央線、白く明瞭な眉斑があり下嘴が黄色。

達人コラム❼

北海道の原生花園は地域によって鳥相が異なる

北海道の海沿いに点在する原生花園ではこの時期、エゾカンゾウやセンダイハギといった花々が咲き乱れ、美しい野鳥たちが歌う。

広大な北海道では、地域によって見られる種に傾向がある。例えばノゴマやシマセンニュウは道東の根室半島の原生花園では多く見られるが、北に向かうにつれて少なくなる。一方、シマアオジやツメナガセキレイは道北の稚内周辺まで行かないと見られない。一方、どこの原生花園でもそれなりに見られる種もいる。

道東に多い鳥

ノゴマ　ヒタキ科ノゴマ属　全長 16cm
北海道の草原などに渡来する夏鳥。明るい場所を好み、目立つ位置でさえずる。

シマセンニュウ　センニュウ科センニュウ属　全長 16cm
北海道東部の草原に渡来する夏鳥。開けた場所でよくさえずり、さえずり飛翔も行う。

道北で見られる鳥

シマアオジ　ホオジロ科ホオジロ属　全長 15cm
北海道北部の草原に渡来する夏鳥。近年、個体数が急速に減少し、観察が難しい。

ツメナガセキレイ　セキレイ科セキレイ属　全長 17cm
北海道北部の草原に渡来し、繁殖する夏鳥。低木にとまることが多く、地面で採食する。

8

AUGUST

葉月

公園などで
ムシクイ類が
確認される

ツバメの
集団ねぐらが
ピークになる

シギチドリ類が
渡ってくる

MISSION ★ 8 01

避暑地的鳥見スポットでキクイタダキを見て涼む

日本最小の鳥、キクイタダキは全長10cm、体重は10gほどしかない。珍しい鳥ではないが、簡単に見られるものでもない。冬季は公園の林で越冬することもある身近な鳥だが、針葉樹林の高い位置を好み、とにかく小さいので気づきにくい。狙い目は真夏の水場だ。動きが速い小鳥だが、水場では上から見るチャンスもある。

Field 富士山五合目(山梨県)

富士山は地質が火山性のため水たまりができにくい。だから水場は重要で、鳥たちの生活を支えている。富士山五合目奥庭にある小さな水場は、盛夏の頃には小鳥たちでにぎわう。7月以降はマイカー規制があるので、公共交通機関で行こう。

キクイタダキ *Regulus regulus*

キクイタダキ科キクイタダキ属 全長 10cm

北海道、本州の亜高山帯、高山帯の針葉樹林で繁殖する留鳥または漂鳥。冬は平地林でも見られるが、針葉樹の高い位置にいるため、じっくり見られる機会はまれ。水場では上から観察可能なので、オスの頭頂の橙色の模様を観察できるチャンスがある。

1 晴天が続いているタイミングで出かける
2 複数種の地鳴きを、じっくり聴き分ける
3 素早い動きと小ささでキクイタダキを見つける

温暖化によるものだろうか、年々猛暑がひどくなっており、外にいると危険を感じることも多い。そんなときは本来外出せず、屋内で過ごすのがよいだろう。そんな真夏でも、標高を上げることでバードウォッチングを楽しむことができる。

標高2,500mまで上がると、平地に比べて気温は10℃ほど下がる。しかも、歩かなくとも間近に野鳥が見られる。そんな夢のような避暑地的鳥見スポットが、富士山の五合目にあるのだ。富士山は火山性の地質で水はけがよいことから川がなく、雨が降っても水たまりができにくい。そのため、限られた水場には鳥がよく集まる。数日間晴天が続き、雨がまったく降っていない状況を見計らっていけば、さらに成果を挙げることができる。

ウソ成鳥。豪快な水浴びで、見ている側も涼む

ウソの幼鳥。8月中旬以降によく見られる

ホシガラス。水場にやってくる鳥では最も大きく、見ごたえがある

ルリビタキの幼鳥

MISSION ★★ 8 02

小笠原の海で小笠原海鳥基本5種を覚える

5月は多くの海鳥たちが北上期を迎えることから、北の海域に生息する海鳥の基本種を覚えるのによい時期(p.76)。だが、それほど北上しない海鳥たちは小笠原近海でよく見られる。南の海鳥を見るためには、南の海域に行かなくてはならないのだ。とくによく見られる海鳥5種を小笠原海鳥基本種として最初にぜひ覚えてほしい。海況が安定し、船酔いの心配が少ない夏はおすすめだ。

Field 小笠原村近海と南島(東京都)

通常、小笠原へ行くと5泊6日の旅になるが、夏季には3日間で往復できる着発航路が設定される。海鳥だけを集中的に見たい人におすすめ。数時間の現地滞在時間に、クルーザーで繁殖中の海鳥を観にいくこともできる。

1 オオミズナギドリの翼開長を覚えておく(→ p.77)

2 飛んでいる海鳥の高さも気にする

3 翼下面の色や模様を素早く見極める

野鳥はどこにでもいるとよくいわれるが、洋上にも海鳥と呼ばれる鳥がたくさん生息している。真夏は多くの海鳥たちが日本よりもはるか北の海域に渡っていってしまうことから、北航路では海鳥がほとんど見られず、観察には不向き。一方、年間を通してあまり海鳥の生息状況に変化がない南航路は、この時期暑さはあるものの比較的海況が安定していることから観察には適しているといえる。

ただし、北航路と比べて個体数が少なく、群れで見られる頻度が低く、海が藍色になるため海鳥が目につきにくいことから、南航路のほうが観察は難しい。ただ逆にいえば、観察できる種が少なく、出現海域も絞られていることから、特別に珍しい種を除けば、5種の出現する順番までほぼ見当をつけることが可能だ。

小笠原海鳥 基本5種

❶ アナドリ *Bulweria bulwerii*

ミズナギドリ科アナドリ属 全長 27cm 翼開長 61cm

翼、尾は長く見え、ウミツバメ類と異なり尾はとがって見える。翼下面はかなり黒く見える。小笠原に向かう航路では、大島沖から見られる。

❷ カツオドリ *Sula leucogaster*

カツオドリ科カツオドリ属 全長 70cm 翼開長 150cm

小笠原に向かう航路では、乗船翌朝からほぼ船を追うようについてくる。ミズナギドリ類とは異なり、かなり高い位置を飛ぶ。オスは目の周囲が青色。

❸ オナガミズナギドリ *Ardenna pacifica*

ミズナギドリ科ハシボソミズナギドリ属 全長 39cm 翼開長 100cm

小笠原に向かう航路では、乗船翌朝から安定的に見られる。頭が銀白色でないこと、翼下面の前縁の縁取りが太いことでオオミズナギドリと見分けられる。

❹ シロハラミズナギドリ *Pterodroma hypoleuca*

ミズナギドリ科シロハラミズナギドリ属 全長 31cm 翼開長 75cm

小笠原に向かう航路では乗船翌朝から見られるが数は多くない。海上を急上昇、急降下するように上下動しながら飛ぶ。下面の白色が美しいミズナギドリ。

❺ クロアジサシ *Anous stolidus*

カモメ科クロアジサシ属 全長 42cm 翼開長 80cm

小笠原に向かう航路では、父島到着直前から見られる。ミズナギドリ類とは異なり、海面からやや高い位置を直線的にスイスイと飛び、船にも比較的近づく。

MISSION ★ 8 03

狩りをするカツオドリのベストショットを撮影しよう

東京都ながら約1,000km離れた場所にある小笠原諸島。ここに行く手段は大型客船のおがさわら丸しかなく、しかも片道24時間もかかる。ただ乗船翌日からは別世界が広がり、船に驚いて次々に飛び立つトビウオをお目当てにカツオドリがついてくる。夏は天候もよく、空も青い。カツオドリの狩りをじっくり撮影するには夏が狙い目だ。

Field おがさわら丸（小笠原海運）

東京竹芝桟橋と小笠原諸島父島を5泊6日の周期で往復している11,000トンの大型客船。片道24時間かかるが、屋根付きの外部デッキがあるため快適に海鳥観察ができ、退屈はしないだろう。現在の船は2016年に就航した3代目。

カツオドリ *Sula leucogaster*

カツオドリ科カツオドリ属　全長 70cm

伊豆諸島、小笠原諸島、尖閣諸島などで繁殖し、その近海で通年見られるが非繁殖期には各地で記録がある。やや高い位置から魚類を探してダイビングで捕食する。成鳥は頭部から首、体上面が一様にこげ茶色で、胸以下の体下面は白い。嘴と足は黄色。オスは目の周囲が青い。

1 頻繁に狩りをしている個体に目をつける
2 「ゲゲゲゲッ」という声は、獲物を見つけて飛び込む合図
3 海面を飛ぶトビウオを追ってくる個体を狙うのもよい

東京竹芝からおがさわら丸に乗ると24時間で父島につくのだが、夏季であれば乗船翌日の朝から徐々にカツオドリの個体数が増えてくる。カツオドリはなぜか、おがさわら丸を見つけるとどんどん近寄ってきて船から離れようとしない。ずっとついてくるので見やすく、愛嬌あるその顔を飽きるほど見ることができるのだ。一体なぜなのだろうと不思議に思うが、その行動を見ていれば彼らが船についてくる理由がよくわかる。

カツオドリは学習能力が高いようで、船が航行すると驚いたトビウオが飛び立つことを知っている。ダイビングしては、おもしろいようにトビウオを捕獲するのだ。野鳥がダイビングして魚を捕獲するシーンなどそうそう見る機会はないはずだが、ここ小笠原ではこれがおもしろいほど高い頻度で観察できるわけだ。撮影にはカツオドリの行動観察が欠かせない。例えば船に並走するように飛んでいるカツオドリが急旋回するのはトビウオを見つけた合図だし、「ゲゲゲゲッ」という濁った声を出すのは飛び込む合図だ。こういう生態を覚えることで、捕食シーンのベストショットを撮影することができる。

トビウオを追うカツオドリ

トビウオを捕らえたカツオドリ

カツオドリ同士の小競り合い

MISSION ★★★ 8 04

空の王者、イヌワシを見つけよう

イヌワシとクマタカは山地にすむ大型猛禽類の代表種として、人気を二分している。とりわけイヌワシは圧倒的に大きく、大型猛禽類の名にふさわしい。ただ、生息場所を見つけることが困難なうえ、見つけても観察するためにはかなりの時間を要する。まずは彼らが動き回る確率が高い、晴天の日が多い夏の時期に定点観察してみよう。

Field 伊吹山山頂（滋賀県）

出会うことすら困難なイヌワシを比較的高確率で観察できるのが伊吹山だ。伊吹山ドライブウェイという有料道路を登ると、スカイテラス伊吹山という施設が頂上駐車場にあり、この周辺でイヌワシがよく観察されている。付近にあるお花畑も有名。

イヌワシ *Aquila chrysaetos*

タカ科イヌワシ属　全長 オス 81cm、メス 89cm

九州以北に分布する留鳥だが、個体数が少ない絶滅危惧種。とくに北海道、四国、九州ではほぼ見つからない。岩場のある山地の森林になわばりをもって生息し、開けた草原や牧草地などで、ウサギやヤマドリを捕食する。ほぼ全身がこげ茶色で、後頭、後頸に金色の羽毛がある。

1 できる限り視界が広くとれる場所から観察する
2 長時間の観察に対応できる準備をしよう
3 尾根裏など視界外から現れそうな場所を意識する

イヌワシのような大型猛禽類は個体数が少ないうえになわばりが広大で、しかもふだんなかなか行く機会がないような山深い場所に生息しているため、出会える機会が少ない。どうすれば出会えるだろうか。まず、地図で峠と呼ばれる場所を探そう。もちろん峠ならどこでも、大型猛禽類が生息しているというわけではない。出会うためには眺望のよい高台が必要で、峠は好条件というわけだ。尾根が遠く、視野が大きく広がっている場所がよい。とにかく発見の確率を上げるためには、できるだけ広く開けていることが重要なのだ。

あとはのんびりと時間をかけて、定点観察をするのみだ。椅子や日よけ、飲み物を準備しよう。もちろん大人数で観察できれば、発見の確率が上がることはいうまでもない。また、雨や強風の日は鳥たちの動きが悪いので、できるだけ天気がよく、それなりに風がある日が好ましい。なお、イヌワシ観察のポイントは峠にある眺望のよいところと書いたが、そういう場所は危険を伴うような場合があったり、貴重な植物が自生していることが多い。安全管理とマナー遵守を心がけるよう、十分に注意しよう。

上空を飛ぶと大きさに圧倒される

飛びながら獲物を探している様子

イヌワシのつがい。メスの方が大きいのがわかる

達人コラム 8

春とはちがう、静かな渡りの旬を感じる

ツツドリ

エゾビタキ

キビタキ

まだまだ残暑が厳しい8月下旬、早くも野鳥たちの秋の渡りが始まる。春と大きく異なる点は、さえずりがなく静かであること。また、渡りのピークが今一つわかりづらく、長期間続くことだ。ツクツクボウシがにぎやかに鳴く中、平地の公園のサクラの木にはツツドリやホトトギスがやってきては毛虫をせっせとついばむ。シジュウカラやメジロの混群を見てみると、センダイムシクイやサンコウチョウが混じっている。さえずらないので、ほぼ目視で探すことになる。

9月に入るとコサメビタキ、キビタキやオオルリもやってくる。この頃にはハゼノキやヌルデ、ミズキの実にやってくることが多く、木の近くでじっと待ちながら、入れ代わり立ち代わりやってくるヒタキ類を見る。9月も下旬になると、サクラの植えられた広場ではエゾビタキがフライキャッチを繰り返す。身近な公園でも、季節の歩みとともに移り変わってゆく鳥たちの旬を感じることができる。

9

SEPTEMBER

長月

サシバや
ハチクマの
渡りが見られる

ホシガラスが
ハイマツの実を
貯蔵する

コガモやヒドリガモ、
ヨシガモが渡ってくる

MISSION ★★★★ 9 01

秋の淡水域のシギチドリを見つけ、一瞬で識別しよう

秋はタカの渡りシーズンだが、シギチドリ類も渡りの時期を迎えている。秋のシギチドリ類の特徴は、幼鳥が多いことと、成鳥が冬羽になっている場合が多いことだ。夏羽ではないため、どれも地味な色合いに見える。ただ、これら地味で特徴の少ないシギチをじっくり見て、わずかな特徴で見分けるのも楽しいもの。9月下旬はとくにおすすめの時期だ。

Field 霞ヶ浦周辺（茨城県）

霞ヶ浦周辺はどこに行っても水鳥が多くよいポイントだが、淡水域のシギチドリ類を観察するには現地の地理を熟知していないと難しい。あてずっぽうで行くと農作業の邪魔になってしまったり、進入できないような場所に無理に入って、農道を崩してしまったりするので要注意。

淡水のシギチドリ観察ポイントのほとんどが私有地だ。農作業中は近づかない、挨拶をする、車両農道に侵入しない等、マナーを遵守して探鳥しよう

1 目的の探鳥地の旬の時期をあらかじめ調べておく

2 サギ類が群れている場所を探す

3 農作業の邪魔にならないよう、歩いて足で探す

日本で見られるシギチドリの多くは「旅鳥」で、国内では繁殖も越冬もしないので、渡りの時期しか見られない。だから、いつ行けば見られるのかはほとんど運とタイミング次第になる。淡水シギの多くは、秋から初冬でも水が張られているレンコン畑、俗にハス田と呼ばれる場所を好む傾向がある。ただ、じつはこれらを効率よく探す方法はないのだ。なるべく広範囲を走り回って、水が張ってある場所を探すしかない。

目印は白いサギ類。ダイサギやコサギといった白いサギ類は目立つので、それらを目印に探すのはよく使う手だ。地元に精通している人と仲良くなり、よく見られる場所を教えてもらうのもよい。長年観察していると、不思議なことにシギチが来るハス田はだいたい決まっていて、意外な場所に来ていることはほとんどない。人間の目で見るとどのハス田も同じように見えるし、よさそうだと思うハス田にはまったくこないということもしばしば。鳥たちには、人間にはわからない好み、こだわりがあるようだ。

秋のシギチ類似種の一瞬見分け法

〈シギ類〉
- 食べ物を目と嘴で探す
- 嘴の形に個性がある

〈チドリ類〉
- 食べ物を目で探す
- 急に方向転換する
- 目が大きめ

コチドリ×シロチドリ　胸にバンドがあるか(コチドリ)、ないか(シロチドリ)

コチドリ *Charadrius dubius*

チドリ科チドリ属　全長 16cm

九州以北に渡来する夏鳥。本州中部以西では少数が越冬する。海水域では少なく、水田、河川敷など淡水域を好む。砂礫地など下草の少ない地上に営巣。秋に見られる幼鳥は褐色みが強く、金色のアイリングがほとんど目立たない。

シロチドリ *Charadrius alexandrinus*

チドリ科チドリ属　全長 17cm

全国に分布する留鳥、漂鳥。北日本の個体は冬に南へ移動する。干潟、砂浜、草地などに生息し、海水域で見ることが多い。干潟では駆け足のように素早く動き、ゴカイなどを捕食する。秋に見られる幼鳥は体上面に淡色羽縁がある。

アカアシシギ×ツルシギ　嘴基部が上下赤いか(アカアシシギ)、下だけ赤いか(ツルシギ)

アカアシシギ *Tringa totanus*

シギ科クサシギ属　全長 28cm

春と秋の渡り期に全国の水田、ハス田など主に淡水域に渡来する旅鳥。一部は北海道東部の草原で繁殖する。成鳥冬羽は頭頂から後頸、体上面が一様に褐色になり、小さな白斑や細い羽縁があり、体下面は白く、胸に褐色の縦斑がある。

ツルシギ *Tringa erythropus*

シギ科クサシギ属　全長 32cm

春と秋の渡り期に全国の水田、ハス田など主に淡水域に渡来する旅鳥。数羽から数十羽の小群で見られることもある。成鳥冬羽は頭部から体上面が褐色で白斑が散在し体下面は白い。幼鳥は褐色みが強く体下面に横斑が密にある。

トウネン × オジロトウネン

足の色が黒か黄色か？ 軸斑が黒く目立つか目立たないか？

トウネン *Calidris ruficollis*

シギ科オバシギ属　全長 15 cm

春と秋の渡り期に見られる旅鳥だが、越冬する個体もいる。水田、ハス田、河口、干潟などに飛来し、淡水域で見ることが多く、数羽から数十羽の群れで見られることもある。秋に見られる幼鳥にはさまざまな個体がいて、体上面は褐色で黒い軸斑が目立ち、羽縁は赤みを帯びる。

オジロトウネン *Calidris temminckii*

シギ科オバシギ属　全長 15 cm

九州以北に渡来する旅鳥で、越冬する個体もいる。水田、ハス田など淡水域で見ることが多く、飛び立ったときなどに「チリリ」と小鳥のような声で鳴く。成鳥の冬羽は体上面が一様に灰色で、不明瞭な白い眉斑がある。体下面は白く、胸の模様がエプロン状に分かれる。

アオアシシギ × コアオアシシギ

嘴が太く反っているか(アオアシシギ)、細く真っすぐか(コアオアシシギ)

アオアシシギ *Tringa nebularia*

シギ科クサシギ属　全長 35cm

春と秋の渡り期に全国に渡来。西日本では一部が越冬する。干潟や河口、水田、湖沼など比較的広範囲の水辺で見られる。やや太めで先端が上に反った嘴が特徴。秋に見られる幼鳥は上面が黒褐色で白い羽縁が明瞭。足は黄色みを帯びる。飛翔時「チョーチョー」と特徴的な声で鳴く。

コアオアシシギ *Tringa stagnatilis*

シギ科クサシギ属　全長 24cm

春と秋の渡り期に全国の水田、ハス田など主に淡水域に渡来する旅鳥。数羽の小群でいることが多く、秋はエリマキシギやツルシギなど、ほかのシギ類と一緒に見られることも多い。秋に見られる幼鳥は頭頂が褐色で後頸に褐色の縦斑があり、体上面は濃い褐色で白い羽縁がある。

ウズラシギ × エリマキシギ

頭頂の赤みと白い眉斑のコントラストがはっきりしているか、いないか？

ウズラシギ *Calidris acuminata*

シギ科オバシギ属 全長 22cm

春と秋の渡り期に見られる旅鳥だが少ない。海水域で見られることはまれで、おもに数羽の小さな群れで水田などの淡水域で見られる。秋に見られる幼鳥は頭頂がベレー帽状に赤褐色で、白い眉斑が目立つ。胸の赤みが強く、軸斑の黒と羽縁の赤色とのコントラストが鮮やか。

エリマキシギ *Calidris pugnax*

シギ科オバシギ属 全長 オス 28cm、メス 22cm

春と秋の渡り期に見られる旅鳥で、越冬する個体もいる。水田、ハス田、河口、干潟などに飛来するが、淡水域で見ることが多く、群れで見られることは少ない。成鳥オスの夏羽は派手な襟巻状の飾り羽が出るが、国内で見るのは困難。秋の幼鳥は全体に黄褐色で、黒い軸斑が明瞭。

クサシギ × タカブシギ

胸と腹の境目がくっきり分かれているか(クサシギ)、いないか(タカブシギ)

クサシギ *Tringa ochropus*

シギ科クサシギ属 全長 22cm

春と秋の渡り期に全国に渡来する旅鳥。水田、ハス田、湖沼、湿地など主に淡水域に渡来し、単独で見られることが多い。開けた場所よりも、周囲を草木に囲まれた場所を好む。幼鳥は顔から胸、体上面が濃い褐色で小さな白斑が散在する。アイリングは白く、短い眉斑がある。

タカブシギ *Tringa glareola*

シギ科クサシギ属 全長 20cm

全国に渡来する旅鳥もしくは冬鳥。水田、ハス田、湿地など主に淡水域に渡来し、関東以西では越冬個体が見られる。小群で見られることも多く、尾を振りながら採食行動し、警戒すると首を上下に振る。秋に見られる幼鳥は白い眉斑が明瞭で体上面は濃い褐色、羽縁が淡色斑となる。

MISSION ★★ 9 02

タカの渡りでサシバとハチクマを見分けよう

9月の鳥見といえば、タカ渡り観察という一大イベントがある。夏に日本で繁殖したサシバ、ハチクマなどのタカたちが、越冬地をめざして西へ南へと渡っていく様子を、岬や峠など見晴らしのよい場所で定点観察する探鳥だ。長野県の白樺峠、愛知県の伊良湖岬、長崎県の福江島、対馬などが観察地として有名。渡りは天候に左右されるが、晴天に当たることを信じて出かけたい。白樺峠は9月中下旬がおすすめの時期だ。

Field 白樺峠（長野県）

長野県松本市内から車で90分ほど。奈川温泉と乗鞍高原を結ぶスーパー林道にある峠。タカを観察するための「タカ見の広場」が整備され、天気のよい週末には数多くのホークウォッチャーが訪れる。駐車マナーに気をつけ、ゴミは必ず持ち帰ろう。なお林道が通行止めになることもあるので、事前に道路状況を確認しよう。

群れが旋回上昇すると「タカ柱」になる。当たれば一日に数千羽が渡っていくこともある

本州、四国、九州に渡来し、平地から山地の谷津田など里山環境で繁殖する夏鳥。秋には日本各地で大規模な渡りが見られ、一部の個体は南西諸島で越冬する。おもにカエル、トカゲ、ヘビ、昆虫などを地上で捕食する。タカ類としては珍しく「ピッ、クイー」とよく鳴く。

サシバ *Butastur indicus*

タカ科サシバ属 全長 オス 47cm、メス 51cm

九州以北に渡来し、平地林から山地林で繁殖する夏鳥。爬虫類、昆虫類などを捕食するが、とくにハチを好んで食べることが和名の由来。秋には各地で大規模な渡りが見られる。急上昇してバンザイをするように両翼をほぼ垂直に立て、パタパタと叩き合わせる求愛ディスプレイを見せる。

ハチクマ *Pernis ptilorhynchus*

タカ科ハチクマ属 全長 オス 57cm、メス 61cm

1 サシバかハチクマか

タカの渡り観察ではほとんどの場合、飛翔しているタカの観察になる。そのため全長ではなく、翼開長で説明することが多い。翼を広げた大きさの感覚を身につけるためには、身近なタカで基礎知識を得ておきたい。例えばトビの翼開長は160cm、ノスリは130cmといった感じだ。サシバは翼開長100cmで、小型のタカという印象。翼の厚みもないためパタパタとした軽い羽ばたき。旋回飛翔時は翼先が人間が手を開いたような形に見えるが、直線飛行に入ると翼先がとがり、ハヤブサ的に見える。

ハチクマは翼開長130cm。翼に厚みがあり、ゆっくりした深い羽ばたき。翼先は人間が手を開いたような形になる。観察中、両種を同時に見ることも珍しくないので、比較しながら観察するとよい。羽ばたきの感じや翼の厚みといった点は、観察を重ねて感覚的に覚える以外にない。

サシバは直線飛行に入ると翼先がとがって見える

ハチクマの翼先はヒトの手のように開く

飛んでいるタカの識別では、翼の先端→次列風切のふくらみ→はばたきの感じの順に確認するようにしたい。まずは最も身近な猛禽類、トビを日頃からよく観察するようにしよう。

2 幼鳥か成鳥か

秋はその年生まれの幼鳥が数多く渡っていく。幼鳥は換羽が完了した直後のため比較的羽が生えそろっている個体が多い。一方、成鳥は繁殖行動直後であることから羽が乱れている個体が多い。もちろん例外的な個体もいるが、おおむねこの方法で幼鳥か成鳥かを高い確率で見分けることができる。

幼鳥

幼鳥の羽はきれいな状態

成鳥

成鳥の羽は欠損が多い

3 成鳥の雌雄を見分ける

サシバは胸から腹にかけて横斑があり、オスは胸の部分が太い帯状になっている。メスは一様に横斑で、白い眉斑が長くはっきり見える傾向がある。

ハチクマのオスは顔が青白く、黒い虹彩が目立ち、尾羽、翼先、次列風切後縁に太い帯状の斑があるが、メスには太い帯状の模様はない。

メス

太い帯ではない

帯状の斑はない

オス

太い帯状

各部に帯状の斑がある

MISSION ★★ 9 03

秋がチャンス！冬越しに備えるホシガラスを見に行こう

亜高山帯から高山帯にかけて、ホシガラスという小ぶりなカラスが生息している。真冬以外はほぼ亜高山帯に生息しているが、繁殖期は意外と目につかない。でも、そもそも人間に対しての警戒心は弱いので、間近でじっくり観察できる。夏に比べるとやや天候が不安定な時期ではあるが、おすすめの観察時期は9月だ。

Field 乗鞍畳平（岐阜県）

上高地側からはスカイライン、乗鞍高原側からはエコーラインが通っているので、標高2,702mの高山ながら手軽に行ける。ただし通年マイカー規制があり、駐車場に駐車してシャトルバスに乗る必要がある。バスの運行時刻を事前に確認しよう。

ホシガラス *Nucifraga caryocatactes*

カラス科ホシガラス属 全長 35cm

北海道から九州の亜高山帯から高山帯のハイマツ帯で繁殖し、冬はやや標高の低い場所に移動して小群で見られる漂鳥。ハイマツの球果や木の実を好んで食べる。頭頂から体上面、腹がチョコレート色で、顔付近に密な白斑がある。嘴、翼、尾羽は黒く、尾羽の先端と下尾筒は白い。

1 ガレ場を歩くので、軽登山程度の装備で探す
2 ハイマツ帯に絞って、飛んでいる鳥に注目する
3 動きを見極めて食痕を見つけ、待ち受ける

高山の鳥といえば、夏のイメージが強いかもしれない。代表種のライチョウをはじめ、イワヒバリ、カヤクグリ、ホシガラスは有名で、「高山鳥4種」などと呼ばれている。ただ、このなかでホシガラスだけはどうにも夏は見づらくて苦戦する印象がある。そんなホシガラスが見やすくなる時期が秋だ。行動を見ていると合点がいく。

ホシガラスは冬に備えて食べ物を貯蔵するため、秋にはハイマツの実を一日中集め続ける。だから、そこらじゅうのハイマツにホシガラスが取り付いていて、実をくわえてはふわふわした独特の飛翔でどこかに飛んでいって隠し、また戻ってきては実に取り付く光景が展開される。そもそも人間に対する警戒心が弱いので、この時期には手が届くような距離で見られることも珍しくない。ただ、ここは標高2,700mを超える高山帯だ。しかもある程度アップダウンのあるガレ場を歩き回らなければならない。登山靴が最適であることはもちろん、雨対策、また濃霧時には寒さ対策も忘れずに準備してほしい。

木の上に出てくるので、見つけやすい

飛翔時には尾羽先端の白色が目立つ

ハイマツの松ぼっくりが大量に落ちているのはホシガラスの食痕

MISSION ★★★ 9 04

なかなか姿を見せないツツドリは、秋の公園でいただく！

春と秋は野鳥たちの渡りの季節。同じ季節移動だが、両者には違いがある。春のほうが期間が短く、一気に渡っていく。一方、秋は比較的長い期間をかけて渡っていく。8月下旬から9月初旬、早々にやってくるのがムシクイ類とカッコウ科の鳥だ。とくに目立つのがツツドリで、繁殖期にはめったに見られない姿を見る絶好の機会だ。

Field 桜並木のある公園

桜並木がある公園は各地にあるが、木々が混んでいないほうが鳥の動きが見やすく、園路があれば広範囲を探しやすい。夏に害虫駆除剤が散布され、ツツドリのお目当てであるガの幼虫が駆除される可能性もあるので注意。

ツツドリ *Cuculus optatus*

カッコウ科カッコウ属 全長 32cm

九州以北の山地林に渡来する夏鳥。おもにセンダイムシクイに託卵するが、北海道ではウグイスにも託卵する。全身灰色で翼や尾の色は濃い。胸以下の体下面は白く、黒い太めの横斑がある。下尾筒には黒い横斑があり、虹彩は濃い橙色。メスには赤色型がいる。

1 **サクラ並木がある公園を下見しておく**

2 **ツツドリのお目当てはガの幼虫。葉が食べられているサクラの木は可能性あり**

3 **サクラの葉を揺らす中型の鳥を探す**

ツツドリやホトトギスなどトケン類はガの幼虫を好む。とりわけサクラやウメを食樹とするオオミズアオ、サクラに大量発生するモンクロシャチホコなどは、発生時期が秋の渡りに重なり、トケン類の格好の食糧となる。サクラが多数植えられている公園に目をつけておいて、8月下旬くらいに下見してみるとよい。

葉が食べられていれば、幼虫がいるサインだ。渡りが本格化する9月に訪れてみて、サクラの葉をがさっと揺らす中型の鳥を探してみよう。葉が著しく食べられてぼろぼろになっていれば、モンクロシャチホコが大量発生している証拠。トケン類が近くにいる可能性が高いので、少し離れた位置で観察してみよう。トケン類は枝から枝へ飛び移り、虫を数匹食べては常緑樹に隠れることを繰り返す。

モンクロシャチホコの幼虫を食べる成鳥

幼鳥は黒っぽく、虹彩が暗黄褐色

この鳥にも会えるかも!

ホトトギス

Cuculus poliocephalus

カッコウ科カッコウ属

全長 28cm

全国に渡来する夏鳥。沖縄では少なく、北海道では南部のみで見られる。「特許許可局」と聞きなされるさえずりは有名。ほぼ全身が灰色で体下面は白く、間隔が広くて細い、不明瞭な黒い横斑がある。虹彩は暗色に見える。

達人コラム 9

ピーク日に当たらないとハズレなのか？

秋のタカ渡りの季節になると、各地の渡りの状況をウェブサイトでも見ることができ、中にはその日その日に渡ったタカの個体数を公表しているサイトもある。たいていはシーズン中に数千羽が渡る日が何日かあり、これを俗に渡りのピーク日と呼んでいる。こんな日に当たれば、さぞ壮観な素晴らしい光景が見られるのだろうと誰もが想像する。もちろん、ひと言では言い表せないようなすごい場面に出会ったことは何度もある。下を向くこともできないとか、水を飲む暇もないとか。ただ、数千羽のタカが渡る日でも、あまり見応えがない日もじつはあるのだ。

数多く渡る日の天候は、これぞ秋晴れという日が多い。そういう日はタカが飛ぶ位置がやたらと高く、双眼鏡を使っても豆粒ほどにしか見えないということも意外と多い。はるか上空を1,000羽飛んだときより、100羽のタカが低い位置を飛んだときのほうが見応えがあった、という意見も多いのだ。必ずしもピーク日に当たらなくては、おもしろくないということはない。

10

OCTOBER

神無月

ヒタキ類や
ツグミ類が
ミズキの実を食べる

ジョウビタキ、
ツグミが
初認される

カケスが
どんぐりを
貯蔵する

MISSION ★★★ 10 01

広い森の中で憧れのムギマキに出会う

人気の高いヒタキ類のなかでも、なかなか見られないのがムギマキ。旅鳥で春と秋の渡りのときしか観察のチャンスがなく、日本海側を渡ることがほとんどだからだ。この憧れのヒタキに出会うには、日本海側の広葉樹林を、果実が実る秋に訪れるのがよい。狙いうちするなら、10月下旬の戸隠高原がおすすめだ。

Field 戸隠高原(長野県)

長野と新潟の県境に近い山間の戸隠は、多くの鳥たちでにぎわう地域としても知られる。自然観察に最適な戸隠森林植物園や、パワースポットとされる戸隠神社などがおすすめ。腹ごしらえは名物の戸隠そばを堪能したい。

ムギマキ *Ficedula mugimaki*

ヒタキ科キビタキ属 全長 13cm

スズメよりやや小さく、キビタキに似ている。日本では繁殖はしておらず、春と秋の渡りの時期だけ見られる旅鳥。北海道では10月初旬によく見られるが本州では10月下旬。渡りルートの関係からか観察できるのは日本海側や西日本に偏っている感がある。

1 広葉樹林で色を目印に木の実を探す
2 よくホバリングする鳥に注目する
3 葉の揺れを見逃さない

まずは木の実を探すことだ。ムギマキは空間が多い広葉樹林の林を好み、ツルマサキやマユミ、ミズキの果実をよく食べる。10月下旬ともなれば広葉樹林は落葉し、緑がなくなってくる。そんななか、常緑のツルマサキの葉は青々と茂り、樹木に巻き付いているので目立つ。

マユミの実も真っ赤な色で気付けるし、ミズキは紅葉した葉がまだ茂っている。こうした「色」を見つけ、双眼鏡で見てみよう。ツルマサキは橙色、マユミは赤、ミズキは濃紺の小さな実。

秋は声で探すことが難しいが、葉の揺れで探すことができる。果実にはほかの鳥もやってくるが、ムギマキは頻繁にホバリングして木の実をついばむので区別しやすい。

果実は橙色で目立つ

ツルマサキはつる性。樹木に巻き付く

この鳥にも会えるかも!

マミチャジナイ
Turdus obscurus

ヒタキ科ツグミ属
全長 22cm

春と秋の渡りで見られる旅鳥で、どちらかというと日本海側に多い。同属のアカハラやシロハラに比べると観察の機会は少ないが、戸隠高原ではムギマキとともに観察のチャンスがぐっと上がり、期待できる。

MISSION ★★ 10 02

身近な場所で会える!? エゾビタキを見つける

秋はタカが渡り、シギチドリ類も渡る。もちろん小鳥たちも渡っている。単に通過しているだけの鳥たちとの出会いは、タイミング次第。でも、水場があるとか木の実があるとか小鳥たちがやってくる理由のある場所を探すことで出会いの機会を増やすことができる。案外身近な場所に意外な小鳥がやってきているはずだ。

Field 林と広場のある公園

林のある公園もいろいろだが、あまりにも狭い場所は好ましくない。ある程度の面積があることを基準に、林がある、池がある、芝生広場があるといった具合に、鳥たちがやってくる理由をイメージして探してみよう。

エゾビタキ *Muscicapa griseisticta*

ヒタキ科サメビタキ属 全長 15cm

春と秋の渡り期に全国で見られる旅鳥。おもに秋に見られ、とくに南西諸島では多い。成鳥は頭部から体上面が灰色で、三列風切の淡色羽縁が明瞭。喉から腹は白く、胸から脇腹には灰色の縦斑がある。秋は山地林、公園でも見られ、開けた場所で昆虫をフライングキャッチする。

1 林のある公園を歩いて、広場を探す
2 よく目立つ木のてっぺんを確認する
3 空中に飛び立っては戻る動きに注目する

夏から秋にかけては、夏鳥たちが南方の越冬地へ向けて移動し、代わって冬鳥たちが北方から日本にやってくる時期だ。そんななか、夏鳥でも冬鳥でもない旅鳥と呼ばれる鳥たちが、渡りの途中に翼を休めるため、中継地の日本に立ち寄る。その代表ともいえる小鳥がエゾビタキで、じつは身近な都市公園などでも見ることができる。ただ、秋は春のようにさえずらないので、声を頼りに探すのは難しい。では、見つけるにはどうすればよいだろう。

エゾビタキは英名でフライキャッチャーと呼ばれ、空中で虫を捕らえる習性がある。飛び回るためには開けた空間が必要で、林の中は向かない。公園には必ず広場があり、周囲を取り囲むように桜の木が植えられていることが多い。こういった木のてっぺん、あるいは比較的高い位置を丹念に見てみよう。不意に飛び立ち、空中でひるがえって、また枝に戻る動きをする鳥がいれば、可能性が高い。

胸の縦斑が特徴

ミズキなどの実にもやってくる

この鳥にも会えるかも!

サメビタキ
Muscicapa sibirica

ヒタキ科サメビタキ属
全長 14cm

北海道、本州中部以北に渡来する夏鳥。おもに亜高山帯の針葉樹林で繁殖する。頭部から体上面が濃い灰色で、翼と尾は黒く、翼には褐色の羽縁がある。アイリングは白く、胸は灰色。秋は平地林の木の実に集まるが、見られる機会は少ない。

MISSION ★★

10 03 秋限定！半分青いオオルリを探そう

夏鳥の多くは姿だけでなく声も美しい種が多く、人気が高い。だから繁殖地にいって夏鳥を観察するというのは、バードウォッチングの醍醐味の一つだと思っている。オオルリはその代表格だが、秋の渡りでは季節限定の一風変わった観察が楽しめる。その年生まれのオオルリのオスは独特の姿で、出会えると得した気分になれるのだ。

Field **乗鞍高原（長野県）**

乗鞍高原は北アルプスの南端に位置し、標高3,026mの乗鞍岳の裾野に広がる高原で、野鳥が好む木の実が多く、四季を通して探鳥が楽しめる。周辺にはタカの渡りで有名な白樺峠、ライチョウがすむ標高2,702mの畳平がある。

オオルリ *Cyanoptila cyanomelana*

ヒタキ科オオルリ属 全長 17cm

夏鳥として九州以北の山地林に渡来。とくに渓流沿いの針葉樹林を好む傾向がある。春と秋の渡り期には都市公園でも見られる。オスは額から体上面、尾が瑠璃色で光沢がある。顔から胸は黒く、胸以下の体下面は白い。おもに昆虫類を捕食し、秋は木の実も食べる。

1 ミズキをはじめ、鳥がよくきている木の実を探す
2 やや距離を置いて、飛び回る小鳥の姿を確認する
3 鳥の動きをよく観察し、頻繁にとまる枝を把握する

9月中旬からはいよいよ秋の渡りが本格化する。下界はまだまだ暑くても、標高の高い高原に行けば、暑さも忘れることができる。この時期には繁殖が終わっていて鳥がさえずらないので、見つけやすいわけではない。ただ、森を歩いてみると、じつにさまざまな木の実がある。とりわけミズキの実は「ミズキ食堂」と呼ばれるほど、鳥たちに好まれる。

乗鞍高原周辺にもたくさんのミズキがあるのだが、毎年豊凶(実り)には変動がある。しかも、実があれば鳥がくるというわけでもないようだ。まずはミズキの実を探すことが重要だが、じっくり観察して鳥がきているかを確認する。きていれば撮影も容易だ。彼らの動きを観察し、よくとまる枝を見極めよう。

ミズキの実は鳥たちに大人気

伸びをする幼鳥

この鳥にもきっと会える!

キビタキ

Ficedula narcissina

ヒタキ科キビタキ属
全長 22cm

全国の平地林から山地林に渡来する夏鳥。比較的空間のある、明るい落葉広葉樹林を好む。繁殖期はフライキャッチで昆虫類を捕食し、秋は木の実も食べる。オスは眉斑、喉から腹、腰が黄色や橙色で、翼の白斑が目立つ。

MISSION ★ 10 04

渡りの中継地で、ハクガンの群れに圧倒される！

晩秋はさまざまな冬鳥たちが越冬のために日本に渡ってくる時期。カモのなかまは冬鳥の代表だが、より大型なのがガンたちだ。日本ではおもに5種類のガンが見られるが、渡ってくるルートがそれぞれ若干異なるようだ。本州では希少でなかなか見ることができないハクガン、シジュウカラガンを見るなら、秋の十勝平野がおすすめだ。

Field 十勝平野（北海道）

帯広市内から東へ1時間ほど。本州に住んでいる人間からすると、圧倒されるほど広大な農地が広がる十勝平野は、秋になると忽然と姿を現したガンたちが翼を休める。黄金色のカラマツの紅葉も相まって、景観も美しい。

ハクガン *Anser caerulescens*

カモ科マガン属　全長 67cm

かつては本州各地に数羽が局地的に渡来するのみだったが、近年は急激に増加している。秋の北海道、十勝平野には1,000羽を超える大群が渡ってくるようになり、秋田県などでも越冬するようになった。成鳥はほぼ全身が白く、嘴と足は淡紅色。飛翔時には初列風切の黒色が目立つ。

1 広大なフィールドを移動しながら牧草地を探す
2 農作業を行っている場所は避ける
3 小移動を繰り返すので、飛んでいる群れは必ず確認

北海道十勝地方の農耕地は広大だ。しかもガンたちはほとんど地面で草を食んでいる。とにかく広範囲を走り回るしかない。運がよければガンの群れに出会うことができる。安全に車を停められる場所では、こまめに車から降りて周囲を見るようにしよう。展望台のように見通しがよい場所があればさらに効果的。ガンたちは日中ほとんど地面にいるものの、そのうちの数羽、数十羽が必ずといってよいほど、飛び回って群れから群れへ移動している。この小規模の移動を見逃さず、群れのだいたいの位置をつかもう。

また場合によっては農作業車両に驚いた大群がものすごい羽音、声とともに飛び立つこともあるが、これはあくまでラッキーパンチに過ぎない。ちなみにガン類は警戒心が強いので、車の中から観察する場合が多い。くれぐれも農作業の邪魔にならないような場所を選んでほしい。

かつて飛来するハクガンは数羽だったが、現在では1,000羽を超える

シジュウカラガンも数百羽の大群が飛来する

この鳥にもきっと会える！

シジュウカラガン

Branta hutchinsii

カモ科コクガン属

全長 67cm

本州各地に数羽が局地的に渡来するのみだったが、個体数の回復計画が功を奏して、近年では数百羽の群れが見られるようになった。秋の北海道十勝平野では数百羽の群れが見られ、その後は秋田県、宮城県、新潟県などで越冬する。

達人コラム ⑩

アカゲラとオオアカゲラを ドラミング音で見分ける方法

オオアカゲラのオス

アカゲラとオオアカゲラ、どちらもキツツキのなかまで、赤、白、黒の三色の色合いも似通っているし、山地林には両種とも生息する。ただ、その採食行動には違いがあるように感じる。まずアカゲラは地面に降りてホッピングしながら採食する場面を普通に見かけるが、オオアカゲラが地面に降りて採食する場面は見たことがない。

そしてキツツキならではの木をつついて音を立てる行動、ドラミングにもじつは違いがある。もちろん、ドラミングの音質で2種を識別することは不可能だろう。ポイントはつつき方の違い。

アカゲラはつついては移動、移動してはつつくとなかなか忙しいのに対して、オオアカゲラはひたすら同じ場所をつつくことが多い。要するに、しつこいほど同じ場所からドラミング音が聞こえ続けるようであれば、オオアカゲラがいる可能性が高い。

11

NOVEMBER

霜月

越冬する
マガンの数が
ピークになる

ルリビタキが
初認される

フィールドに
猛禽類が増える

MISSION 11 01 ★★ 渡ってきたばかりのタゲリを観察しよう

初冬の干拓地や農耕地はおもに猛禽類を観察しやすいポイントになる。これといって目立った鳥はいないように感じるが、地味ながらもよく見てみると美しく特徴的な色彩の大型のチドリがいる。タゲリはそれほど珍しい鳥ではないが、バードウォッチャーには人気がある。群れ飛んでいる初冬の頃は見つけやすい。

Field 涸沼（茨城県）

2015年にラムサール条約に登録された汽水湖。茨城県の鉾田市、茨城町、大洗町にまたがり、北部には涸沼自然公園などの施設がある。周辺の広大な農耕地、湿地、ヨシ原はいずれも有望な探鳥地だが、交通の便は今ひとつ。

タゲリ *Vanellus vanellus*

チドリ科タゲリ属 全長 32cm

冬鳥として渡来。東北、北海道ではまれな旅鳥。農耕地、草地、水田、湿地などに生息するが、開けていて乾いた場所を好む。黒く長い冠羽が特徴で、冬羽は頭頂、目の周囲、胸が黒く、体下面は白い。体上面は緑色や紫色で光沢があり、光の角度で見え方が変わる。

〈鳴き声〉

1 堤防など視界のよい場所から、農耕地を流し見する
2 飛翔する群れを探し、着地点を確認する
3 「ミャー、ミャー」という声を覚える

11月上旬になると、干拓地や農耕地にタゲリが渡ってくる。渡ってきたばかりのタゲリは、時には100羽以上にもなる大きな群れで農耕地を移動しながら、食べ物を探している。視界のよい場所から群れを探し、着地点を確認しよう。タゲリだけに限ったことではないが、野鳥は群れが大きければ大きいほど警戒心が強くなり、すぐに逃げる傾向がある。とくに警戒心が強い個体が逃げようとする動きに、群れ全体がつられるからだろう。

飛翔時に「ミャー、ミャー」とよく鳴くのも、見つけるのに好都合だ。群れが大きいほうが単純に目につきやすいし、声も聞こえる。しかも、よく飛び回っているから探しやすくなる。ただちょっと厄介なのは、タゲリは乾いた場所も湿った場所も好むため、ピンポイントで場所を絞れないことだ。ちなみに年明けの頃には、分散してしまって大きな群れが見られなくなる。この頃には比較的近い距離で見られるが、農耕地にじっとしているタゲリは意外と見つけにくい。

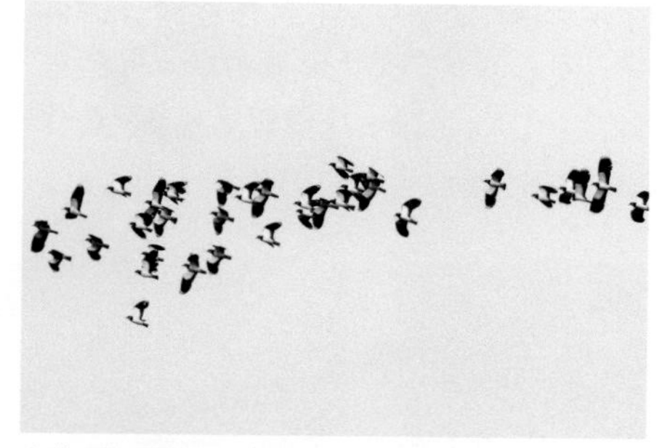

大群が飛び回ると、とにかく目につく

後ろ姿だと背景にとけ込んで見つけにくい

前向きだと顔や下面の白さが目立ち、見つけやすい

MISSION ★★★★ 11 02

10万羽のマガンの群れからカリガネを探し出す！

とてつもない数の群れの中から、数少ない種を探し出すというのは探鳥の醍醐味の一つだと思う。越冬地では畑地ごとに数百羽単位のマガンが群れていて、思わず圧倒される。ハクガン以外の4種はほぼ毎年越冬するので、がんばって探せば見つかる可能性は高い。11月はまだ積雪もなく、農作業車の往来も少ないので狙い目だ。

Field 伊豆沼(宮城県)

宮城県北部にある伊豆沼周辺は、日本最大のガンの越冬地として知られる。晩秋から続々と渡ってきたガンたちが、懐かしさ漂う田園風景に群れ飛ぶ。東北新幹線くりこま高原駅で降りると、駅の周辺にもガンの群れがいて驚いてしまう。

カリガネ *Anser erythropus*

カモ科マガン属 全長 58cm

宮城県伊豆沼や島根県斐伊川河口に定期的に渡来する冬鳥。湖沼、農耕地などに生息する。近年、伊豆沼周辺では親子連れなど、10羽ほどの群れで見られる機会が増加。成鳥は全身ほぼ褐色、嘴は淡紅色で小さい。額から頭頂にかけて白く、明瞭な金色のアイリングがある。

1 マガンの特徴を徹底的に覚える
2 カリガネの特徴を覚えて、マガンの特徴と比較する
3 数千羽、数百羽単位の大群は外し、小さな群れに注目

マガンの大群から少数しかいない鳥を探すので、いくつもの群れを片っ端から見ていく根気とスタミナが必要だ。まずは無数にいるマガンの特徴を覚えることが重要。それからカリガネの特徴を覚えて比較していく。第一に注目すべきは、額の白色部分がマガンに比べて面積が大きく、上にせりあがって見える傾向にあることだ。ただ、マガンの中にも同様の個体がいるので次に嘴を見る。マガンに比べて嘴が小さく、そのせいかマガンに比べて顎を引いた姿勢に見える。

そして最後は金色のアイリングがあるかどうか。また最近はカリガネが親子単位で見られることが増えた。いきなり大きな群れではなく、群れからやや距離をとっている小群をまずはチェックだ。

気合いを入れて、この大群の中から少数のカリガネを探す

マガン(左)とカリガネ(右)

この鳥にも会える!

マガン
Anser albifrons

カモ科マガン属

全長 72cm

東北地方、日本海側の湖沼、水田、湿地に渡来する冬鳥。宮城県の伊豆沼周辺は、日本最大の越冬地で数万羽が越冬する。夜明けとともにねぐらを飛び立ち、日中は周辺の農耕地で採食する。そして夕方、再びねぐらへ戻る。

MISSION ★★★★ 11 03

カモメの群れの上を飛ぶ盗人、トウゾクカモメを目撃せよ!

南北それぞれの海域で海鳥の基本となる種を、p.76、102で紹介した。一方、その基本原則とは異なり、トウゾクカモメのようにある特定の時期にきわめて見やすくなる種もいる。11月下旬は個体数が増えるため、狙い目だ。さまざまな羽色の個体が見られるし、カモメ類を襲って獲物を奪うという独特の習性を観察する好機だ。

Field 大洗(茨城県)～苫小牧(北海道)航路

深夜に出港し、その日の夜に到着する便を利用することで、日の出から日没までの長時間観察できる。また、折返しの便に乗船すると、最大2日間みっちり観察可能に。もちろん、疲れたときには船室内で休むことができる。

トウゾクカモメ *Stercorarius pomarinus*

トウゾクカモメ科トウゾクカモメ属 全長 49cm

冬鳥または旅鳥。おもに海上で観察され、太平洋上では晩秋から初冬にかけて多く見られる。カモメ類と同じ、ゆったりした羽ばたきで洋上のやや高い位置を直線的に飛び、着水もする。淡色型から暗色型まで、個体によって羽色が異なる。生殖羽では尾羽の先端がスプーン状になる。

1 比較的高い位置を直線的に飛ぶ鳥をチェック
2 カモメ類に混じる、翼下面が黒色の個体を探す
3 逃げ惑うように飛び回る、カモメ類の動きに注目

広大な大海原で、いつどこからどのように出現するかわからない海鳥をぴたり探し出すことはかなり難しい。重要なのは時期を合わせることと、出現のイメージを描いておくことだ。トウゾクカモメはその名の通り、ほかの海鳥が捕獲した獲物を横取りする独特の習性がある。

トウゾクカモメがよく狙う小型のカモメ、例えばミツユビカモメが大量に南下してくる晩秋の時期は、出現率が高いと予想できる。またトウゾクカモメは比較的高い位置を一定の羽ばたきで直線的に飛ぶことが多く、このときに翼下面の黒色、さらには特徴的な白斑で識別できる。カモメの群れを襲い始めると、逃げ惑うカモメが変則的な動きをするので、この点も探し出すヒントである。

高い位置を飛ぶことが多い。翼下面の色、模様にも注目

複数個体で囲い込むようにして襲う

この鳥にも会えるかも!

ミツユビカモメ
Rissa tridactyla

カモメ科ミツユビカモメ属
全長 41cm

冬鳥として九州以北に渡来。外洋性で漁港では少ない。三陸沖では11月下旬に南下する大群が見られる。成鳥冬羽は頭部にヘッドフォンをしたような黒斑があり、尾は純白。亜成鳥は翼上面に黒いM字模様があり、尾の先端は黒い。

MISSION ★★★★ 11 04

アオシギが見つかる生息環境を見極めよう

シギ類の多くは春と秋の渡り期に見られる旅鳥だが、なかには意外な場所でひっそりと越冬しているシギもいる。アオシギは見事な保護色で、時には足元にいても気づかず飛ばしてしまったりする。そんなアオシギも生息環境を知ることで、飛ばすことなく観察することができる。12月になると凍結路面の心配があるので、11月がおすすめだ。

Field 奥日光（栃木県）

戦場ヶ原や小田代原などの湿原や草原が有名だが、湯川に沿って雑木林の中の木道を歩くコースは晩秋の頃にはとくによい。ただ日によっては小雪が舞うこともあり、予想外の寒さに注意が必要。急な寒さに備えよう。

アオシギ *Gallinago solitaria*

シギ科タシギ属　全長 31cm

全国に渡来する冬鳥だが、本州中部以南では少ない。山間部の薄暗い渓流、河川、湿地に生息し、浅瀬やよどみの土中に嘴を突っ込んで昆虫類を捕食する。採食時にはしばしば体を上下に揺らす。顔や胸の白色部にはやや紫色みがあり、体上面は赤みを帯び、白い羽縁が帯状になる。

1 渓流沿いを歩きながら浅瀬を探す
2 流木や岩の裏側は、角度を変えて必ず確認する
3 肉眼で流し見せず、双眼鏡でじっくり探す

アオシギはシギのなかまらしく、長い嘴が特徴。淡水域に生息するシギだが、田んぼや干潟には生息しないという点を覚えておきたい。アオシギは山間部の渓流沿いのような場所を好み、体を上下させながら、長い嘴を利用しておもに土中の昆虫を捕食している。

流れの勢いが強い場所や、水深のある場所では採食しづらいようで、流れがゆっくりめで川底が見えるほど浅い、湿地のような環境を好む。生息環境の川を眺めてみると蛇行していることに気づくはず。カーブには必ずよどみができていて、流れがゆっくりで水深が浅い。そういう場所を丹念に探すとよい。また漂流物の周辺に身を潜めることも多いので、流木の周りなども要確認だ。

嘴を川底に差し入れ、獲物を探す

警戒すると伏せてじっとする

この鳥にも会えるかも!

キバシリ
Certhia familiaris

キバシリ科キバシリ属

全長 14cm

九州以北の山地林、亜高山帯の針葉樹林に生息。北海道では平地でも見られるが、本州では冬季でも山地林に生息する。幹に垂直にとまり、登りながら昆虫を捕食する。体上面は樹皮に似た褐色で保護色になっている。

MISSION ★ 11 05

ヨシ原のペリペリ音で オオジュリンを見つけよう

冬になると木々が落葉し、野鳥観察がより気軽に楽しめるようになる。とくにヨシ原は狙い目だ。ヨシ原は河川敷や池、沼、河口などどこにでもあり、野鳥にとっては採食場所だったり、隠れる場所であったり、ねぐらだったりとさまざまに活用されている。オオジュリンは地味で目立つ野鳥ではないが、音を頼りに探してみよう。

Field 印旛沼北部 調整池(千葉県)

池の西にある「ペリカンがいる船着き場」は有名。湖畔にはサイクリングロードが整備され、観察はしやすいが自転車に注意。夏はアジサシ類やヨシゴイが見られ、付近には冬にコハクチョウがやってくる白鳥の郷がある。

オオジュリン *Emberiza schoeniclus*

ホオジロ科ホオジロ属 全長 16cm

北海道、東北地方の草原で繁殖し、冬は本州以南のヨシ原、草地などに生息する留鳥または漂鳥。冬は小群で生活し、「チュイーン」と鳴きながらヨシ原内を移動する。成鳥冬羽は頭部から体上面が褐色で、白い眉斑と黒い顎線が目立つ。背には灰色みがあり、黒い縦斑がある。

1 「チュイーン」というかん高い声を覚える
2 「ペリペリ」というヨシの茎をかじる音をよく聞く
3 ヨシ原の高い位置を双眼鏡で流し見する

冬のヨシ原はさまざまな野鳥たちの生活に直結しているため、野鳥を見るにはよい環境だ。日中はカモが身を隠していたり、ホオジロ類にとっては採食場であり、夕方には猛禽類がねぐらとして使うこともある。

ヨシ原で鳥を見ていて、「チュイーン」という甲高い声を聞いたことはないだろうか。声はすれども姿が見えないこともあるが、じつはこの声がする場所では「ペリペリ」というヨシの茎をかじる音もセットで聞こえてくるはずだ。姿を見つけるには早朝の風のない時間帯や、単に穏やかな日がよく、そんな日はヨシ原の中ではなく、より高い場所に出てくるので目立つ。キツツキのように茎に縦にとまったり、さかさまにとまったりしながら器用に茎をかじって、中にいる小さな虫を採食している。

はがした皮をくわえている

アクロバティックな体勢で採食する

この鳥にも会えるかも！

クイナ

Rallus indicus

クイナ科クイナ属
全長 29cm

本州中部以北では夏鳥、それ以南では冬鳥。ヨシ原などに身を隠して地上採食するため、姿を見る機会は少ない。額から体上面は褐色で黒い縦斑が目立ち、脇から下尾筒は白黒の横斑になっている。顔は灰色で、下嘴は赤色。

達人コラム⑪

猛禽類の識別に役立つ、タカとハヤブサの見分け

オオタカの翼先は、手のひらのように広がる

ハヤブサは翼先がとがる飛翔形

冬になると、身近な環境でさまざまな猛禽類を見られるようになる。トビを筆頭に、ノスリ、ミサゴ、チュウヒ、チョウゲンボウが、カモがたくさんいる湖沼では、オオタカやハヤブサが目を光らせている。冬鳥として渡ってくるハイイロチュウヒやコチョウゲンボウは大人気だ。「猛禽類」、「ワシタカ」など呼び方はさまざまだが、これらの名称はタカ類とハヤブサ類をひと括りにしてしまっている。

タカとハヤブサの見分けは、飛翔形を見ることで可能だ。見るべきポイントは翼先。ハヤブサ類は翼先がとがって見えるのに対して、タカ類は人間が手のひらを広げたように見える。時と場合によっては見え方が異なる場合もあるが、おおむねこれでタカとハヤブサをすぐに見分けることができる。飛んでいる猛禽類を識別するとき、確認すべきポイントだ。

12

DECEMBER

師走

越冬する
カモの数が
ピークになる

シロハラが
地上で
採食する

ヒヨドリが
イイギリを
食べる

MISSION ★★ 12 01

身近な公園で青い鳥、ルリビタキに出会おう

冬になると身近な場所でも魅力的な鳥が見られるが、なかでも人気なのがルリビタキだ。青い鳥が身近にいることは、意外と知らない人も多いかもしれない。一方、庭にもやってくるヒタキ類がジョウビタキ。じつはジョウビタキを知ることが、ルリビタキを探すコツにつながる。冬鳥が安定して見られるようになる12月に探してみよう。

Field **井頭公園（栃木県）**

93.3haの敷地の中央には池があり、周囲にはヨシ原と湿地帯がある。コナラ、クヌギ、アカマツからなる雑木林は、ところどころ丘陵になっていて変化がある。園内にはプールやバラ園、池のほとりには鳥見亭という施設がある。

ルリビタキ *Tarsiger cyanurus*

ヒタキ科ルリビタキ属 全長 14cm

北海道、本州、四国の亜高山帯の針葉樹林で繁殖し、冬は本州以南で越冬する留鳥もしくは漂鳥。人の視線ほどの高さの低木や杭などにとまり、地上に降りて昆虫類を捕食する。木の実を採食することもある。オスの成鳥は体上面の青色、脇腹の橙黄色が鮮やか。

〈地鳴き〉

ルリビタキ

ジョウビタキ

1 常緑樹が多いなど、やや薄暗い林を探す

2 目線ほどの高さの木や杭を探す

3 「カッ、カッ」ではなく、「ギュッ、ギュッ」という声

冬に観察できる青い鳥として人気があるルリビタキ。ジョウビタキと同じ公園で見られることも少なくない。ジョウビタキは木がまばらに生えている明るい林を好むが、ルリビタキは冬でも葉を落とさない常緑樹の中など薄暗い場所を好む傾向がある。

そして地鳴きの違いに注目したい。両種とも「ヒッ、ヒッ、ヒッ」という地鳴きは酷似するが、交える声が異なる。ジョウビタキが「カッ、カッ」という乾いた声を交えて鳴くのに対して、ルリビタキは「ギュッ、ギュッ」という濁った声を交える。散策していて「ヒッ、ヒッ」が聞こえたら、交える声で両種を見分けよう。あとは姿を見つけるだけだ。ルリビタキは一定のリズムで尾羽を上下に振るのも特徴。常緑樹の暗がりにいても、尾羽の動きで見分けることができる。

一定のリズムで上下に振る尾羽の動きに注目したい

地上に降りたメス。冬は地上で採食することが多い

この鳥にもきっと会える!

ジョウビタキ

Phoenicurus auroreus

ヒタキ科ジョウビタキ属

全長 14cm

全国の平地林、農耕地、河川敷、公園など比較的開けた場所を好んで越冬する、代表的な冬鳥。近年は中部地方を中心に国内各地の山地帯から亜高山帯で繁殖しており、ルリビタキと同じように漂鳥的な傾向がみられる。

MISSION ★★ 12 02

人気の赤い鳥に出会いたい ベニマシコを探す

冬に見られる赤い鳥はどれも人気が高いが、最も身近に見られるのがベニマシコだ。ただ身近にいるといっても、見つけるとなると容易ではない。アトリ類は移動中によく鳴くが、食事中はまったく鳴かないという性質があるからだ。小鳥を探すときは鳴き声が頼りなので、これは泣き所。鳴きながら採食にくるところを狙おう。

Field 渡良瀬遊水地 谷中村史跡保全ゾーン（栃木県）

栃木県、群馬県、埼玉県、茨城県の4県にまたがる面積33km^2、総貯水容量2億m^3の、国内最大の遊水地。2012年にラムサール条約湿地に登録された。谷中湖畔には体験活動センターわたらせがあり、野鳥の情報が得られる。

ベニマシコ *Carpodacus sibiricus*

アトリ科オオマシコ属 全長 15cm

北海道、青森県の原生花園や草原で繁殖する。冬は南方に移動し、平地の草地や牧草地、ヨシ原に生息し、草の種子を好んで食べる。夏羽のオス成鳥は、全身が赤色で頭頂や喉は白い。翼、尾は黒く白い翼帯と外側尾羽の白色が目立つ。冬は赤色がやや淡くなる。

〈地鳴き〉

1 「ヒッ、ホッ」という鳴き声を聞き逃さない
2 鳴き声が聞こえたら、動きを目で追って探す
3 声がしないときは、アキニレの根元など地上を探す

青い鳥だけでなく、赤い鳥も人気だ。とくに冬季に平地で見られるベニマシコのオスは、赤い鳥として人気がある。ベニマシコは河川敷や湿地のような開けた環境を好むが、そういう環境はどこにでもあるので場所が絞りにくい。そういう意味では、意外に探しにくいかもしれない。ではどうすればいいか。

冬季のベニマシコはほぼ種子食。セイタカアワダチソウやヨモギなど、好みの草が生えている環境を狙うのがよいが、やはり場所を絞りにくいし、仮にいたとしても見られないことが多い。そこで狙い目なのがアキニレだ。アキニレは高木なので、種子をついばんでいる姿を見つけやすい。ただ、食事中はまったく鳴かないということに注意したい。移動中や行動中は高い場所にとまって、尾羽を左右に振るような動作をしながら「ヒッ、ホッ」と特徴的な声で鳴くので存在に気づきやすい。だから鳴いているときに見つけて、食事しているところを観察するという流れがよい。

アキニレの実を採食しているときがチャンスだ

メスは赤くないが、白い翼帯が目立つ

この鳥にも会えるかも!

アトリ
Fringilla montifringilla

アトリ科アトリ属
全長 16cm

全国の平地林から山地林、農耕地などに渡来する冬鳥。年によっては数万羽単位の大群で見られることがある。オス成鳥夏羽は頭部から背、翼は黒く、胸は橙色。体下面は白く、脇に黒い縦斑がある。木の種子を好む。

MISSION ★★★ 12 03

ミヤマガラスの群れを探せば、コクマルガラスが見つかる

身近で見られるブトとボソ以外に、冬になると日本に渡ってくるカラスが3種いる。ワタリガラスはごく少数が北海道に飛来するのみで、とびきり警戒心が強いこともあって観察が難しいが、ミヤマガラスとコクマルガラスは国内各地の農耕地などで観察できる。とりわけコクマルガラスは、キジバト大で白と黒の羽色が魅力的。

Field 渡良瀬遊水地西部の農耕地（栃木県・群馬県）

渡良瀬遊水地西部の農耕地ではミヤマガラスの群れがよく見られるが、何しろ面積が広大で探すのに時間を要する。車道は車の往来が多く、農道は農作業車が通り駐車スペースもほとんどない。安全面にはとくに気をつけなくてはならない。

コクマルガラス *Corvus dauuricus*

カラス科カラス属 全長 33cm

冬鳥の小さなカラス。おもに西日本に渡来していたが生息域が拡大傾向にあり、近年は東北地方や北海道南部でも見られる。農耕地や干拓地に生息し、地上採食する。ミヤマガラスの群れに混じって観察されることが多い。成鳥は白と黒の羽色で、俗にパンダガラスと呼ばれる。

〈鳴き声〉

1 農耕地を移動して、ミヤマガラスの群れを探す

2 電線に並んでいたら大チャンス！ 1羽ずつ丹念に見る

3 ミヤマガラスの群れが飛び立ったら、鳴き声を確認する

個体数が少ないコクマルガラスを探すカギがミヤマガラスだ。ミヤマガラスは日中から大きな群れをつくって行動する。見慣れたハシブトガラスではあり得ない、ある意味異様な光景だが、この大群にコクマルガラスが混じることがあるのだ。農耕地の電線を見て回るのがよい。広範囲を探すため、車で回るのがよいだろう。

ミヤマガラスの群れを見つけることができたら、コクマルガラスを探してみよう。小型なのでひと目でわかると思いきや、そう簡単ではない。鳴き声で確認しよう。ミヤマガラスはハシボソガラスに似た濁った声で鳴くが、コクマルガラスは「キョン、キョン」とカラスとは思えない鳴き声。とくに飛び立つときによく鳴くので、群れが一斉に飛び立ったときが見つけるチャンスだ。

幼鳥は全体に黒く、頬から後頭にかけて淡い灰色斑がある

大きさの違いがよくわかる

この鳥にも会える!

ミヤマガラス

Corvus frugilegus

カラス科カラス属

全長 47cm

全国に渡来する冬鳥のカラス。農耕地や干拓地に生息し、数百羽の大群で移動しながら地上で採食し、電線にとまって休む。成鳥はほぼ全身が黒色で、嘴は黒く細くとがり、基部は白っぽく見え額は盛り上がって見える。

MISSION ★★★★ 12 04

ムクドリの群れの中から ホシムクドリを見つけ出す！

なにげなく見ている鳥の中に珍しい種が混じっていることがある。これはバードウォッチャーなら誰しも経験することだが、偶然に頼って待つだけでは、なかなかこの幸運に出会えない。晩秋にムクドリの群れが騒いでいるのを見たことはあるだろうか。群れの中に、爬虫類のようにギラギラしたムクドリが混じっているかも。

Field 稲敷市の農耕地（茨城県）

江戸崎町、新利根町、桜川村、東町が合併してできた稲敷市は霞ヶ浦の南部に位置し、広大な田園風景が広がる。霞ヶ浦や利根川、新利根川、小野川など豊富な水辺環境に恵まれ、一年を通してさまざまな野鳥が楽しめる。

ホシムクドリ *Sturnus vulgaris*

ムクドリ科ホシムクドリ属 全長 22cm

まれな冬鳥として全国で記録があるが、九州南部では数十羽単位で比較的安定して見られる。干拓地や農耕地、牛舎付近、河川などに生息し、関東地方ではムクドリの群れに混じっていることが多い。成鳥は全身に緑色や青紫色光沢があり、白斑がある。羽縁は黄褐色。

1 ムクドリが群れ始める夕方を狙う
2 必ず水浴びをするので、水たまりを確認する
3 飛翔中のムクドリの群れから、白い部位がない個体を探す

ムクドリの群れといえば、駅前の街路樹のねぐらなど人間社会との軋轢が話題になる。ただその群れに意外な種が混じっていることがある。関東圏の冬の農耕地では、ムクドリの群れにホシムクドリが混じる機会が近年増えている。

まずはムクドリの群れを探そう。群れが飛び回るのは夕方が多く、また水浴びにくることもポイントだ。群れがいたら飛び回る様子を双眼鏡で追うように観察しよう。ムクドリは頬や腰の白色部が目立つが、ホシムクドリは全身真っ黒に見え、大きな白色部はない。とくに腰の白色部はよい目印になる。また電線に並んだら、じっくり観察できる絶好の機会だ。ムクドリよりもやや小型で、大きな白色部がない個体を探せば見つけることができる。

白い部分がない個体を見つければ、当たりかもしれない

地上を歩き回っているときは意外と見つけにくい

この鳥にも会えるかも!

ギンムクドリ

Spodiopsar sericeus

ムクドリ科ムクドリ属

全長 24cm

春と秋の渡り期などに、まれに見られる。南西諸島では春に多く、数十羽の群れで見られることも。オス成鳥は頭部がクリーム色で、嘴は赤い。体は灰色で、翼と尾は光沢ある青紫色。初列風切にある白斑が飛翔時に目立つ。

MISSION ★★★ 12 05

チョウゲンボウと比較して、コチョウゲンボウに出会う！

猛禽類には人気種が多いが、とくに人気なのがコチョウゲンボウだ。猛禽類は地味な色合いの種が多いが、コチョウゲンボウのオスは青灰色と橙色が美しい。個体数が多くないこと、また警戒心がきわめて強く、なかなかじっくり見られないことも、狙いたい気持ちを掻き立てられる。獲物の小鳥類が増えてくる12月頃が狙い目だ。

Field 涸沼（茨城県）

茨城県水戸市の南に位置する汽水湖。公共交通機関でのアクセスが悪いのが難点ながら、沼の周辺には猛禽類が好む環境が広がる。沼からわずかな距離には大洗海岸もあり、探鳥はもちろん観光も楽しめる。

コチョウゲンボウ *Falco columbarius*

ハヤブサ科ハヤブサ属 全長 オス 28cm、メス 32cm

九州以北に渡来する冬鳥。農耕地、干拓地、草原など開けた場所を好み、電線や杭などにとまって獲物を待ち伏せし、狩る。オスの成鳥は頭頂、体上面が青灰色で、顔から体下面は赤みのある褐色、レンガ色の縦斑がある。メスは体上面が濃い褐色で白い眉斑、髭状斑がある。

1 日中は干拓地内の電線など、高い位置を探す

2 不自然な動きをしている小鳥の群れに注意する

3 夕方はスズメのねぐらであるヨシ原や草地で待ち伏せする

チョウゲンボウは都市部でも繁殖している身近な猛禽類。同属のコチョウゲンボウが渡ってくる冬には、より見やすくなる。両種の生息環境はよく似ているが、好みの獲物が異なる。チョウゲンボウは電柱のてっぺんなどにとまり、地面を歩き回るネズミや昆虫を見つけて捕食する。また、ホバリングしながら地面を凝視し、獲物に襲いかかる。

コチョウゲンボウは電線にとまることが多い。そこから飛び立つと一気に低空飛行に移行し、驚いて飛び立った小鳥たちを空中で捕らえる。小鳥を狙うので、ふつうホバリングすることはない。このような獲物と行動の違いがあるので、チョウゲンボウは電柱、コチョウゲンボウは電線といつも意識しながら探している。

杭にとまったメス。チョウゲンボウに比べて尾羽が短い

地上へ降りたオス。獲物を捕らえた後などに地上へ降りる

この鳥にもきっと会える！

チョウゲンボウ

Falco tinnunculus

ハヤブサ科ハヤブサ属

全長 オス 33cm、メス 39cm

北海道、本州中部以北に生息し、人工物や樹洞などで繁殖する留鳥または漂鳥。冬は平地の農耕地や干拓地でよく見られる。オスの成鳥は頭部と尾が灰色で、体上面は赤みのある褐色。目の下には髭状斑がある。

MISSION ★★★ 12 06

チュウヒと比較してハイイロチュウヒを見つけよう

コチョウゲンボウと並ぶ冬の人気者がハイイロチュウヒだ。オスは気品を感じるような美しい青灰色で、黄色に輝く眼光が鋭い。行動範囲が広く、俊敏かつ巧みな飛翔でじっくり見られないことが心をくすぐる。チュウヒとの違いはさまざまあるが、今一つ知られていない。じっと待つことも多いため、寒さが厳しくなる前の12月はよい時期だ。

Field 霞ヶ浦浮島湿原（茨城県）

妙岐ノ鼻とも呼ばれ、広大なヨシ原が広がる。自家用車が15台ほど駐車可能。トイレもあり、ヨシ原内に遊歩道があり野鳥観察小屋に行ける。毎冬、複数のチュウヒがねぐら入りし、ハイイロチュウヒもやってくる。

ハイイロチュウヒ *Circus cyaneus*

タカ科チュウヒ属　全長 オス45cm、メス51cm

全国に局地的に渡来する冬鳥で、渡来数には毎年変動がある。おもに平地の河川敷、干拓地などに生息し、巧みに飛翔しながら小鳥類を捕食する。オスは頭部から胸、体と翼上面は青みのある灰色で翼先が黒く、腰と体下面は白い。メスも腰は白く、翼下面の黒い縞模様が鮮明。

1 日中はヨシ原ではなく干拓地など開けた場所を探す

2 周回するように同じ場所を何度も見に行く

3 夕方はねぐらになるヨシ原で待ち伏せする

チュウヒは繁殖からねぐら、狩りの場と年間を通して生活をヨシ原に依存している。一方、同属のハイイロチュウヒは越冬で飛来する冬鳥。両種は似ているが、生活は異なる。

ハイイロチュウヒはヨシ原でねぐらをとるものの、それほどヨシ原に依存した生活をしていない。チュウヒはヨシ原上空を、翼をV字に保ってゆらゆらと飛翔しながら飛び、地面にいるネズミなどを見つけてはサッと地上に降りて捕食する。一方、ハイイロチュウヒの行動はまるでハイタカやツミなど小型のタカのようだ。巧みな飛翔能力を活かして広大な干拓地を飛び回り、驚いて飛び立った小鳥類を巧みに捕食する。小さなヨシ原や荒れ地が点在するような、地形や環境に変化のある干拓地を何度も巡回しよう。

地上に降り、捕らえた小鳥の羽毛をむしるオス

メスはオスに比べると地味だが、翼下面の鷹斑模様が美しく、チュウヒと見分ける識別点である

この鳥にもきっと会える!

チュウヒ

Circus spilonotus

タカ科チュウヒ属

全長 オス 48cm、メス 48cm

留鳥または冬鳥。全国に分布し、本州中部以北で局地的に繁殖。平地の草原、湖沼、河川敷、ヨシ原などに生息し、冬はヨシ原に集団でねぐらをとる。羽色に個体差があり、褐色、白黒、灰色などさまざま。

さくいん

※**太字**…メインで紹介している種　細字…サブやコラムで紹介している種

あとがき

野鳥との最初の出会いは、子供の頃にたまたま見かけた美しい黄色の鳥でした。当時は野鳥図鑑もインターネットもなく、その鳥の名前を調べる手段がなかったので、その鳥がキビタキだとわかったのは、かなり時間が経ってからのことでした。それからは鳥を探すことが自分の楽しみになり、なんの手がかりもなくひたすら公園や農耕地を駆けずりまわって鳥を探したものです。

あの頃の経験が今の自分の仕事に活かされているのだと思うと、縁というものを感じずにはいられません。そしてあの頃の私がきっと欲しかったであろう野鳥の本を、今こうして自分自身で書いていることもまた不思議な感覚です。

本書の出版の機会を与えていただき、編集を担当してくださった文一総合出版の髙野丈さん、素敵なブックデザインに仕上げてくださった西田美千子さん、素晴らしい写真を提供してくださったみなさん、そして掲載されている私自身の写真を撮影してくれた同僚の金原誠一郎さん。そして沖縄取材では、全面的に宮島仁さんにお世話になりました。みなさんの力添えなくしては、この本の出版はできませんでした。心より厚く感謝申し上げます。

2023年秋　石田光史

著・写真／ 石田光史（いしだ こうじ）

1970年福岡県生まれ。プロのバードガイドとして活躍しながら、野鳥写真家としての活動にも取り組む。Eagle eyeと称される、ずば抜けた動体視力を活かし、山野から外洋まで幅広くカバー。とくに日本近海での海鳥や海棲哺乳類観察のガイドには定評がある。漁船から豪華客船までさまざまな船に乗船し、国内の定期航路はもちろん、北方四島沖、国後水道、硫黄島３島沖など、ふだんなかなか行く機会がない海域でのガイド経験も豊富。日本野鳥の会会員。著書に野鳥図鑑としてはベストセラーとなった『ぱっと見わけ 観察を楽しむ野鳥図鑑』（ナツメ社）があり、『BIRDER』（文一総合出版）、『野鳥』（日本野鳥の会）など野鳥専門誌への写真提供や執筆も多数。

【参考文献】

『決定版 日本の野鳥650』（平凡社）
『ぱっと見わけ 観察を楽しむ野鳥図鑑』（ナツメ社）
『探す、出あう、楽しむ 身近な野鳥の観察図鑑』（ナツメ社）
『カモメ識別ハンドブック 改訂版』（文一総合出版）
『新 海鳥ハンドブック』（文一総合出版）
『シギ・チドリ類ハンドブック』（文一総合出版）
『BIRDER』（文一総合出版）

著者　石田光史
編集　髙野丈
編集協力　いいだかずみ
ブックデザイン　西田美千子
撮影　金原誠一郎
写真提供　井上大介／髙野丈／田原茂巳／吉本和寿
音声提供　NPO法人バードリサーチ
イラスト　いいだかずみ

プロバードガイド直伝　旬の鳥、憧れの鳥の探し方

2023年11月30日　初版第1刷発行
2024年 6月30日　初版第2刷発行

発行者　斉藤 博
発行所　株式会社　文一総合出版
〒162-0812　東京都新宿区西五軒町2-5
TEL 03-3235-7341（営業）、03-3235-7342（編集）
FAX 03-3269-1402
URL https://www.bun-ichi.co.jp
振替 00120-5-42149
印　刷　奥村印刷株式会社

乱丁・落丁本はお取り替えします

ISBN978-4-8299-7249-6　NDC488 148×210mm 160P　Printed in Japan